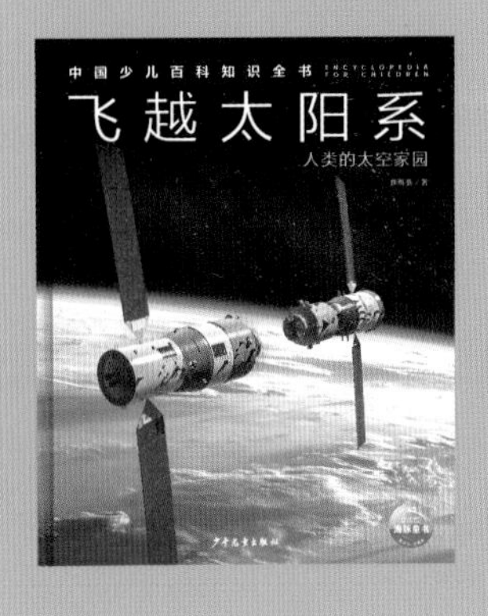

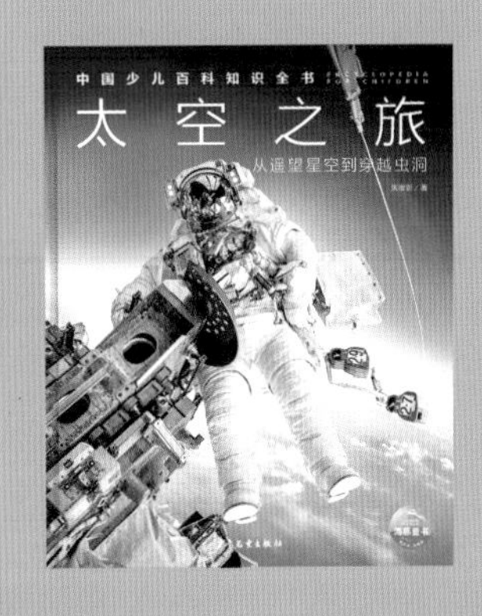

中国少儿百科知识全书 精装典藏本
ENCYCLOPEDIA FOR CHILDREN
精彩内容持续更新，敬请期待

ENCYCLOPEDIA FOR CHILDREN

中 国 少 儿 百 科 知 识 全 书

岩石与矿物

闪闪发光的宝藏

刘 凯　王惠敏 / 著

少年儿童出版社

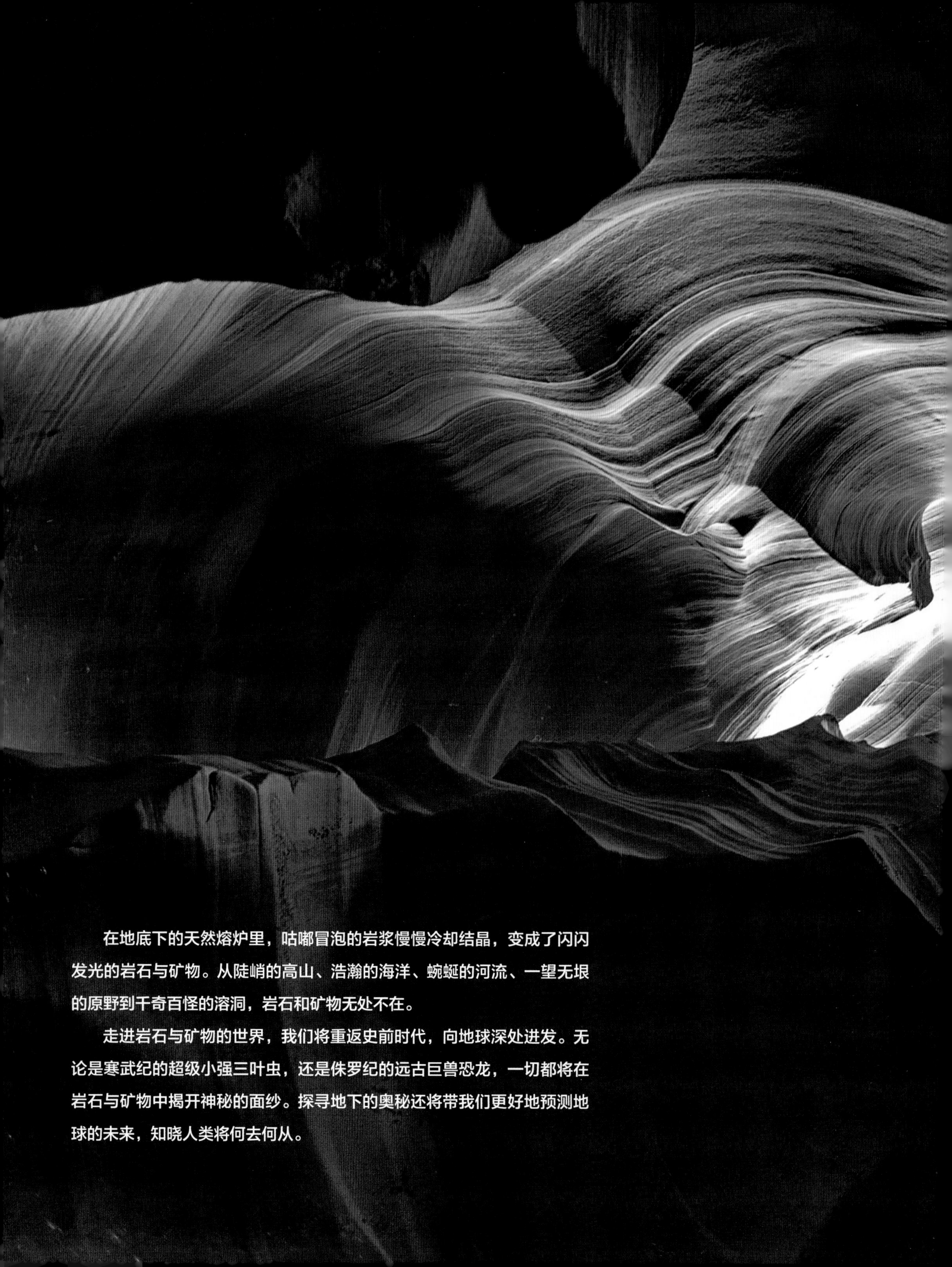

在地底下的天然熔炉里，咕嘟冒泡的岩浆慢慢冷却结晶，变成了闪闪发光的岩石与矿物。从陡峭的高山、浩瀚的海洋、蜿蜒的河流、一望无垠的原野到千奇百怪的溶洞，岩石和矿物无处不在。

走进岩石与矿物的世界，我们将重返史前时代，向地球深处进发。无论是寒武纪的超级小强三叶虫，还是侏罗纪的远古巨兽恐龙，一切都将在岩石与矿物中揭开神秘的面纱。探寻地下的奥秘还将带我们更好地预测地球的未来，知晓人类将何去何从。

中国少儿百科知识全书

ENCYCLOPEDIA FOR CHILDREN

总 序

科技是第一生产力，人才是第一资源，创新是第一动力，这三个“第一”至关重要，但第一中的第一是人才。千秋基业，人才为先，没有人才，科技和创新皆无从谈起。不过，人才的培养并非一日之功，需要大环境，下大功夫。国民素质是人才培养的土壤，是国家的软实力，提高全民科学素质既是当务之急，也是长远大计。

国家全力实施《全民科学素质行动规划纲要（2021—2035年）》，乃是提高全民科学素质的重要举措。目的是激励青少年树立投身建设世界科技强国的远大志向，为加快建设科技强国夯实人才基础。

科学既庄严神圣、高深莫测，又丰富多彩、其乐无穷。科学是认识世界、改造世界的钥匙，是创新的源动力，是社会文明程度的集中体现；学科学、懂科学、用科学、爱科学，是人生的高尚追求；科学精神、科学家精神，是人类世界的精神支柱，是科学进步的不竭动力。

孩子是祖国的希望，是民族的未来。人人都经历过孩童时期，每位有成就的人几乎都在童年时初露锋芒，童年是人生的起点，起点影响着终点。

培养人才要从孩子抓起。孩子们既需要健康的体魄，又需要聪明的头脑；既需要物质滋润，也需要精神营养。书籍是智慧的宝库、知识的海洋，是人类最宝贵的精神财富。给孩子最好的礼物，不是糖果，不是玩具，应是他们喜欢的书籍、画卷和模型。读万卷书，行万里路，能扩大孩子的眼界，激发他们的好奇心和想象力。兴趣是智慧的催生剂，实践是增长才干的必由之路。人非生而知之，而是学而知之，在学中玩，在玩中学，把自由、快乐、感知、思考、模仿、创造融为一体。养成良好的读书习惯、学习习惯，有理想，有抱负，对一个人的成长至关重要。

为孩子着想是成人的责任，是社会的责任。海豚传媒

与少年儿童出版社是国内实力强、水平高的儿童图书创作与出版单位，有着出色的成就和丰富的积累，是中国童书行业的领军企业。他们始终心怀少年儿童，以关心少年儿童健康成长、培养祖国未来的栋梁为己任。如今，他们又强强联合，邀请十余位权威专家组成编委会，百余位国内顶级科学家组成作者团队，数十位高校教授担任科学顾问，携手拟定篇目、遴选素材，打造出一套“中国少儿百科知识全书”。这套书从儿童视角出发，立足中国，放眼世界，紧跟时代，力求成为一套深受 7 ~ 14 岁中国乃至全球少年儿童喜爱的原创少儿百科知识大系，为少年儿童提供高质量、全方位的知识启蒙读物，搭建科学的金字塔，帮助孩子形成科学的世界观，实现科学精神的传承与赓续，为中华民族的伟大复兴培养新时代的栋梁之材。

“中国少儿百科知识全书”涵盖了空间科学、生命科学、人文科学、材料科学、工程技术、信息科学六大领域，按主题分为120册，可谓知识大全！从浩瀚宇宙到微观粒子，从开天辟地到现代社会，人从何处来？又往哪里去？聪明的猴子、忠诚的狗、美丽的花草、辽阔的山川原野，生态、环境、资源，水、土、气、能、物，声、光、热、力、电……这套书包罗万象，面面俱到，淋漓尽致地展现着多彩的科学世界、灿烂的科技文明、科学家的不凡魅力。它论之有物，看之有趣，听之有理，思之有获，是迄今为止出版的一套系统、全面的原创儿童科普图书。读这套书，你会览尽科学之真、人文之善、艺术之美；读这套书，你会体悟万物皆有道，自然最和谐！

我相信，这次“中国少儿百科知识全书”的创作与出版，必将重新定义少儿百科，定会对原创少儿图书的传播产生深远影响。祝愿“中国少儿百科知识全书”名满华夏大地，滋养一代又一代的中国少年儿童！

中国科学院院士
火山地质与第四纪地质学家

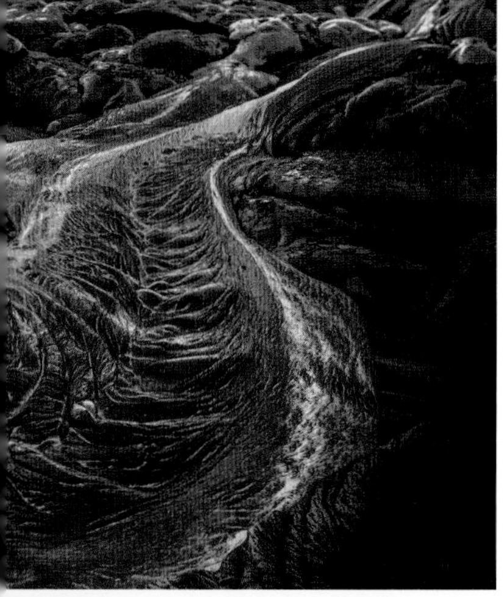

目 录

神奇的地球

46 亿年前的地球就像一台热力发动机，岩浆咕嘟冒泡，火山喷发溅起无数的火星和烟尘。

地下的宝藏——岩石

如果所有的生物、水和土壤都从我们的星球上被夺走，那么地表留下来的就是岩石。

闪亮的奇迹——矿物

矿物无处不在，藏在岩石、沙子和土壤中，藏在机器和房子里，也藏在我们的身体里。

璀璨的明珠——宝石

刚开采出来的宝石原石十分粗糙，只有经过反复切割、研磨和抛光，它们才能大放光芒。

岩石与人类

隐蔽的地下迷宫、咆哮的暗河、惊险的岩洞……被岩石包围的世界充满魅力与惊险。

附　录

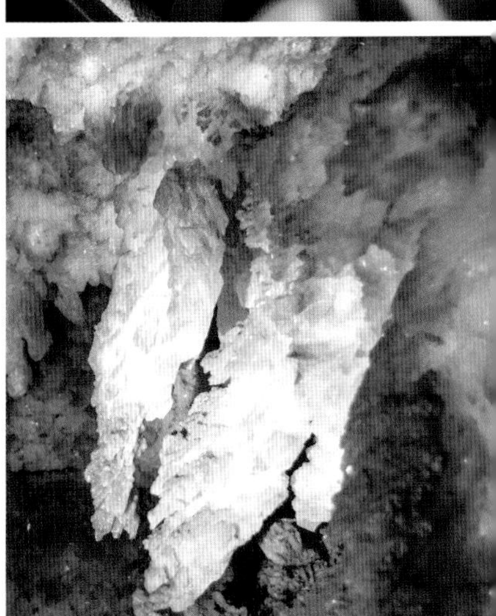

46亿年时空之旅

在地球这颗蓝色星球上，你一定会被千奇百怪的地貌吸引。山地、丘陵、高原、平原、盆地、谷地……它们都是大自然年复一年的精巧设计。不过，相较于地球 46 亿年漫长的时空之旅，这些不过是短短一瞬间的杰作。

岩浆与地壳

如果乘坐一架时光机回到 46 亿年前，那时的地球还是一片混沌。遥远的太空不时飞来几颗地外天体，这些不速之客毫不留情地撞向地球，不料却被地球的高温岩浆吞噬得一干二净。地外天体的疯狂撞击让地球获得了无尽的能量，那时的地球就像一台超强热力发动机：地心深处的岩浆咕嘟冒泡，火山喷发溅起了无数的火星和烟尘。折腾了几亿年后，地球终于有些累了，火山渐渐沉睡，流动的岩浆也开始慢慢冷却凝固。花岗岩和玄武岩趁机爬满地球，变成了坚硬的地壳。

1774 年 8 月，英国化学家约瑟夫·普里斯特利做实验时分离出一种很特别的气体。蜡烛接触它后燃烧得更炽烈，人吸入它后浑身轻松舒畅。这种奇特的气体就是氧气。

太古宙的印记

在遥远的太古宙，当氧气还未露面的时候，铁和铜这样不喜欢单独存在的金属元素也会以单质形式存在，丝毫不会生锈。它们聚集在低矮的盆地，变成大型矿床，留下了古老的印记。

原始海洋

地球诞生之初，高温笼罩着这里的一切。水只能以水蒸气的形式，随着火山喷发喷出地表，在空中四处飘荡。就在地球冷却的片刻，水蒸气趁机变成了液态水。经过数百万年的时间，它们慢慢汇聚成原始海洋。30多亿年前，正是在这片原始海洋中，最初的生命诞生了。

大气保护罩

当地球还是一颗大火球时，空气中只有氢气、氦气、甲烷等各种不友好的气体，生命只能在烈火中沉睡。随着时间的推移，火爆的地球收起了它的坏脾气，愤怒的火山终于沉睡，不友好的气体也被驱散，二氧化碳、水蒸气和氮气来到地球周围，为地球搭建了一个保护罩。到了30多亿年前，当温暖的阳光唤醒沉睡的生命，光合作用开始了，氧气也渐渐从海水中咕嘟冒出气泡。

超高温岩浆

地球内部有许多放射性元素，它们产生的核能转变成热能，将岩石熔化成温度高达700～1 200℃的岩浆。

穿越地心

从一座火山到另一座火山就能穿越地心，这是儒勒·凡尔纳《地心游记》中的大胆想象。从地壳、地幔到地核，地球由复杂的圈层团团包围，这是今天我们认识的地球。其实，地球就像一颗煮得半熟的鸡蛋：外层的地壳就像薄薄的蛋壳，中间层的地幔就像蛋白，而内层的地核就像蛋黄。

地球内部构造

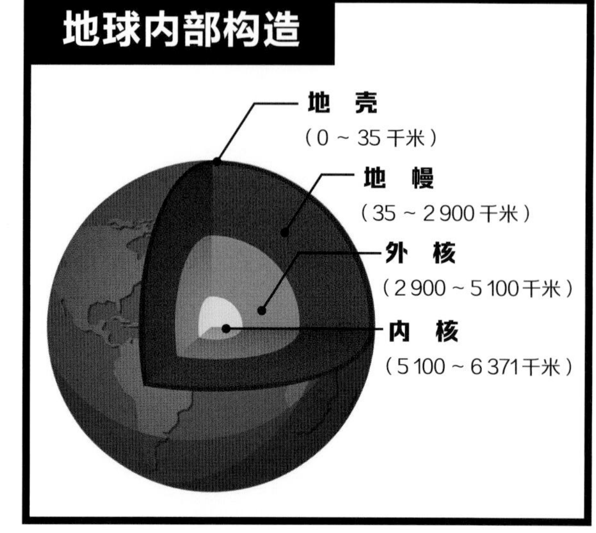

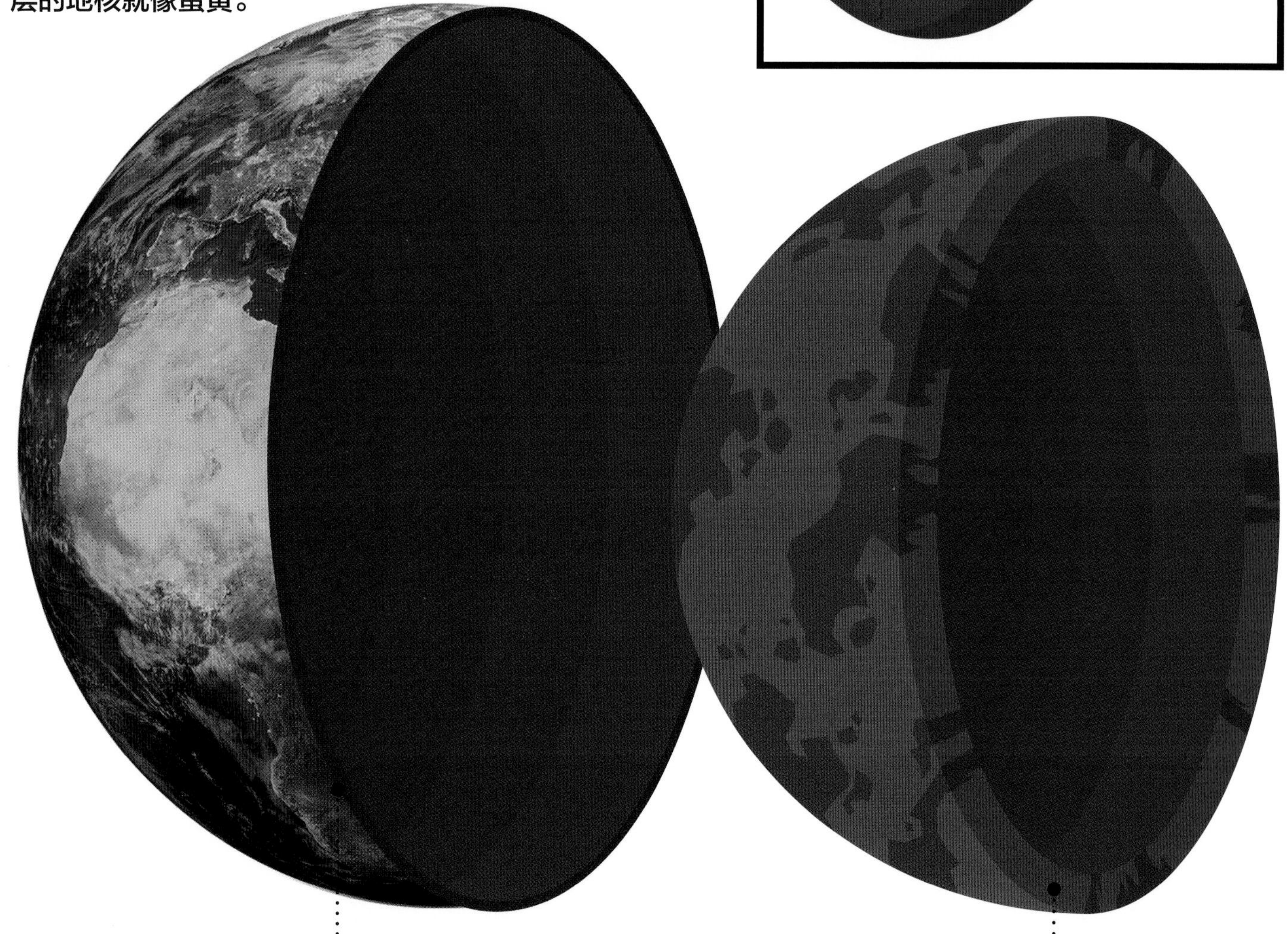

外层：地壳

地球的表面覆盖着一层薄薄的地壳。在炽热的地球内部，许多滚烫的岩浆上升到地表，冷却凝固，形成了最初的地壳。地壳各处厚度不一，大陆地壳的平均厚度为35千米，大洋地壳的平均厚度只有7千米。

中间层：上地幔

从地壳向下，一直延伸至1 000千米深处为止，这里就是上地幔。由于上地幔温度极高，有些岩石会熔化成岩浆，从地壳的薄弱地带喷出地表，形成火山喷发。

知识加油站

莫霍面

1909 年，南斯拉夫地震学家莫霍洛维契奇发现：在地下 30 ~ 40 千米处，地震波的速度发生了明显的变化。这里就是地壳和地幔的分界面——莫霍面。

古登堡面

1914 年，地震学家古登堡发现：在地下 2 900 千米附近，地震波的纵波速度明显变慢，横波突然消失。这里就是地幔和地核的分界面——古登堡面。

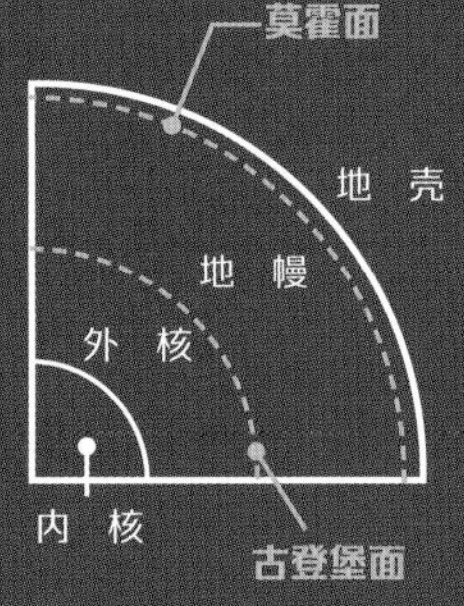

地震波

虽然号称无敌破坏王，但地震并非一无是处，它会产生各种像雷达一样的地震波，在地球内部四处穿梭，穿过不同的地球圈层。借助这个地球内部的“超声波探测器”，地震学家就能划分出地球的不同圈层。

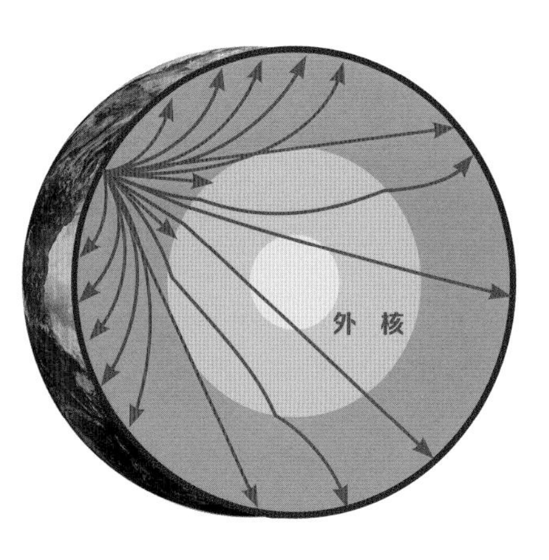

横波：它的传播速度慢，只能穿过固体层。由于外核是液体层，横波无法穿过地核，所以横波绕道而行的地方就是地幔和地核的交界处。

纵波：它的传播速度较快，可以穿过固体和液体层，所以它可以不受阻碍地径直穿过整个地球。

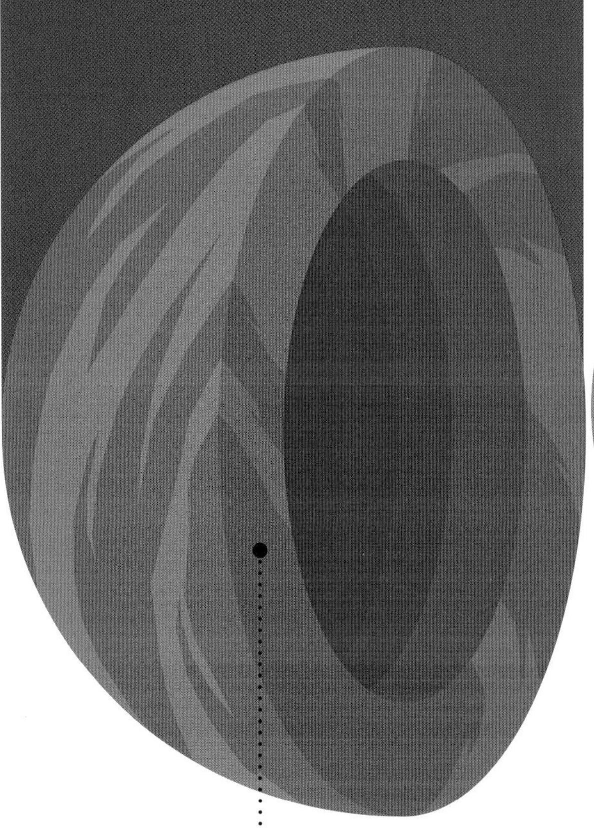

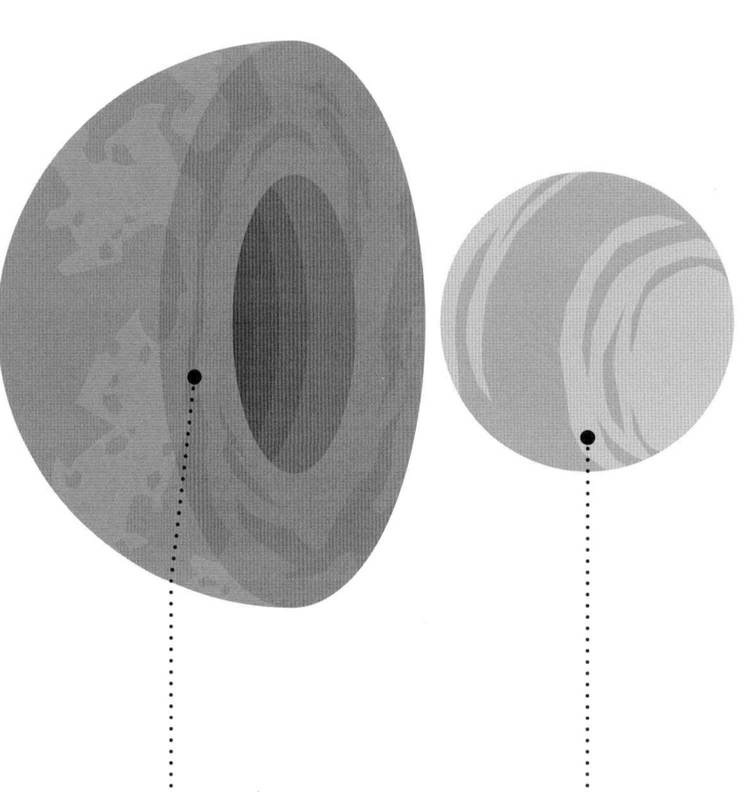

中间层：下地幔

下地幔分布于地下1 000 ~ 2 900千米的深度之间。下地幔主要由高压挤压形成的辉石和钙钛矿组成，这里的钙钛矿含量约占整个地球的80%。

内层：外核

这个主要由铁和镍构成的液体层平均厚约2 200千米，它围绕地球中心缓慢流动。金属的流动让地球产生了磁场，而磁场可以为我们阻挡各种有害的宇宙射线。

内层：内核

密度大的铁汇聚到地球的中心，让地球的内核变成了一个巨大的固态铁球。这里的温度高达5 000℃。

漂移的板块

二叠纪

虽然我们站在地球上丝毫感受不到地球的运动，但其实地球一刻也没有消停。不同的圈层就像一道道枷锁将地球重重困住，但地球丝毫不肯示弱，它用力挣脱坚固的岩石圈，将岩石圈撕裂成若干板块，火山喷发、地震主要就发生在各大板块的缝隙之间。

阿尔弗雷德 · 魏格纳

Alfred Lothar Wegener

他是德国气象学家、地球物理学家。1910 年，30 岁的魏格纳在不经意间发现，美洲大陆和非洲大陆的轮廓非常契合。随后，他通过多次实地考察和研究，提出了“大陆漂移说”。为了证明学说的科学性和真实性，他 4 次奔赴格陵兰岛进行实地

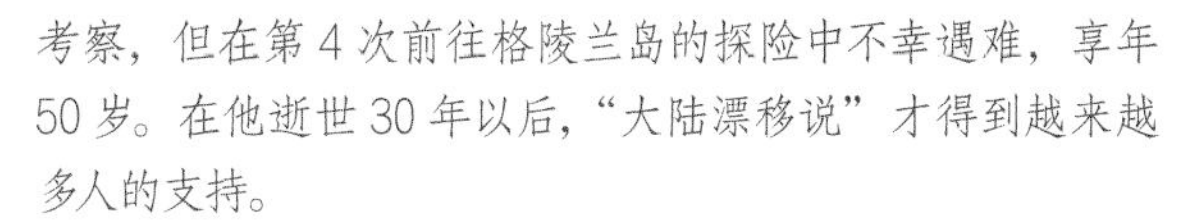

考察，但在第 4 次前往格陵兰岛的探险中不幸遇难，享年 50 岁。在他逝世 30 年以后，“大陆漂移说”才得到越来越多人的支持。

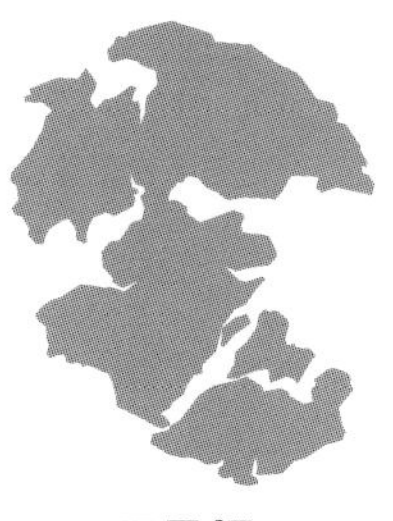
三叠纪

侏罗纪

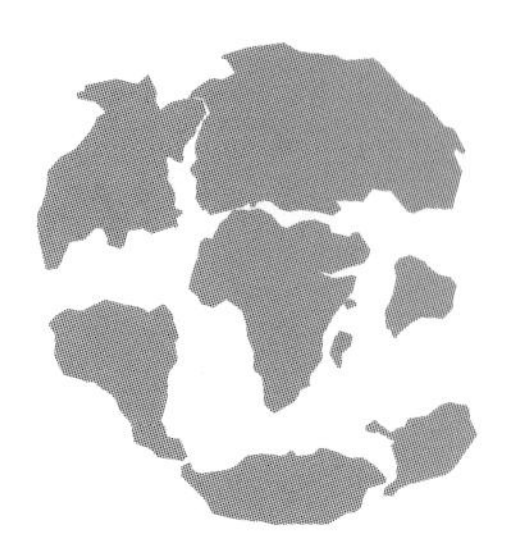
白垩纪

今 天

移动的板块

地球形成以后，地球深处的热流不断上升，它们将脆弱的岩石圈慢慢撕裂成几个巨大的板块。经过千万年的变化，这些板块有的不断分裂，形成了大洋和裂谷；有的发生挤压和碰撞，形成了高山。随后，这些板块又开始了漫长的漂移。不安分的它们每时每刻都在移动，如果动静稍微大了些，地震、火山喷发、海啸就会接踵而至。

漂移的大陆

1910 年的圣诞节，德国地球物理学家魏格纳躺在病床上，盯着墙上的一张地图。眼前的各大洲看起来就像一幅被割裂的完整拼图，一个大胆的猜想突然闪现：大陆之前是一个整体，后来因为破裂、漂移而分开。魏格纳将这一猜想命名为“大陆漂移说”，并在 1912 年的德国地质学会上正式提出。

地球深处

地球的内部深不可测，高温高压掌管着这里的一切。超深的科学钻井穿越岩层，挺进到地下 12 263 米处。这个数字看似非常了不起，但相较于地球 12 756 千米的直径，连它的千分之一都不到。

东非大裂谷

板块断裂会形成裂谷和海洋。非洲板块和印度洋板块不断张裂，形成了世界陆地上最长的裂谷带——东非大裂谷，这条长长的裂谷被称为“地球伤疤”。

黑烟囱

在大洋板块中央，洋中脊和海底火山附近的海水沿着裂缝向下渗透。这些海水在地壳深处被加热，变成富含无机盐的海底热液，并沿着裂缝再次向上喷涌。在海底喷口处，无机盐堆积成“烟囱”，热液形成浓浓的“黑烟”，一座座奇特塔状的“黑烟囱”拔地而起。

地　震

地球一刻不停地运动，运动会给地球带来巨大的能量。一旦地下的岩石承受不住，它们就会突然破裂或者错动，将这股强大的能量释放出来。板块的交界处总是让人提心吊胆，与其他地方相比，它们更加脆弱。只要地底稍有动静，板块的交界处随时会发生地震。

火山喷发

在我们脚下的天然大熔炉里，热岩浆就像滚烫的开水一样不停地咕嘟冒泡，温度高达几千摄氏度。不安分的板块总是互相碰撞，一旦板块变薄，岩浆就会抓住时机，嗖的一下冲出地表，形成火山喷发。炙热的岩浆冲出地表后慢慢冷却凝固，为地球献上一份宝贵的赠礼——岩石与矿物。

喜马拉雅山脉

板块相互挤压会形成隆起的高山。印度洋板块与欧亚板块不断碰撞，形成了世界上最高大、最雄伟的山脉——喜马拉雅山脉。

走进地质年代

就像树木的年轮记录着树的年龄一样，一层一层自下而上叠置的地层也记录着地球的年龄。从诞生到现在，古老的地球已经 46 亿岁了。为了记录这段漫长的时间，地质学家将地球的历史划分成不同的时间单位，从大到小依次为：宙、代、纪、世、期。

前寒武纪

46亿年前
至
40亿年前

冥古宙

地球形成，地外天体经常撞向地球。

40亿年前
至
25亿年前

太古宙

地表布满火山和熔岩，细菌和藻类出现。

25亿年前
至
5.41亿年前

元古宙

蓝藻和细菌开始繁盛，无脊椎动物出现。

古生代

5.41亿年前
至
4.85亿年前

寒武纪

寒武纪生命大爆发，海生无脊椎动物门类大量增加。

4.85亿年前
至
4.44亿年前

奥陶纪

融化的极地冰川淹没陆地，藻类广泛发育，海生无脊椎动物繁盛。

4.44亿年前
至
4.19亿年前

志留纪

温暖的地质年代，笔石动物、珊瑚繁盛，原始植物登上陆地，晚期出现原始鱼类。

4.19亿年前
至
3.59亿年前

泥盆纪

裸子植物出现，昆虫和两栖动物出现。

知识加油站

如果把地球迄今为止的年龄浓缩为 24 小时，那么在接近 22 时的时候，植物登上了陆地；在地球上称霸一时的恐龙于 23 时左右出现，它们在 23 时 40 分左右突然全部消失；假设人类有文字记载的历史是 5 000 年，那么整个人类历史只占到最后的 2 秒。

石炭纪

石灰岩遍布大地，茂密的沼泽森林涌现，爬行动物出现。

3.59亿年前
至
2.99亿年前

2.99亿年前
至
2.52亿年前

二叠纪

地壳运动十分活跃，松柏类植物出现，巨颓龙遍布全球。

三叠纪

爬行动物称霸大地，哺乳动物出现，恐龙崭露头角。

2.52亿年前
至
2.01亿年前

2.01亿年前
至
1.45亿年前

侏罗纪

板块不停运动，盘古大陆逐渐分裂。恐龙称霸地球，裸子植物繁盛，鸟类开始出现。

白垩纪

被子植物繁盛，爬行类减少，恐龙在末期完全灭绝。

1.45亿年前
至
6 600万年前

中生代

6 600万年前
至
2 303万年前

古近纪

气候剧烈变化，南极冰盖形成，哺乳动物迎来了前所未有的大繁荣。

2 303万年前
至
258万年前

新近纪

动植物渐渐接近现代，哺乳动物和被子植物迅速发展，原始人类南方古猿出现。

258万年前
至
今天

第四纪

冰期与间冰期交替出现，猛犸象从兴盛走向灭绝，人类从远古走向现代……

新生代

岩石世界

和动物、植物一样，岩石也无处不在，大到巍峨的山脉，小到石子，甚至连沙土也大多是岩石的碎屑。地球是一颗岩石行星，如果所有的生物、水、大气都从我们的星球上被夺走，那么地表留下来的就是岩石。

岩浆变成火成岩，火成岩变成沉积岩，沉积岩变成变质岩，变质岩变成岩浆，岩浆再一次变成火成岩……各种岩石不断变化，循环往复，这就是岩石世界。

岩石是如何形成的？

地球诞生之初，地核的强大引力俘获了周围的尘埃。这些尘埃凝聚在一起，重的元素沉入地球的中心，轻的元素浮在地球表面。当地球进入冷却期，最外层的物质开始凝固，它们形成了最早的岩石。不过，这些岩石的厚度并不均匀，薄弱的地方后来变成了板块的生长边界（交界处）。有了这些最初的岩石，各种各样的岩石也渐渐形成，它们大致可分为三类：火成岩、沉积岩和变质岩。

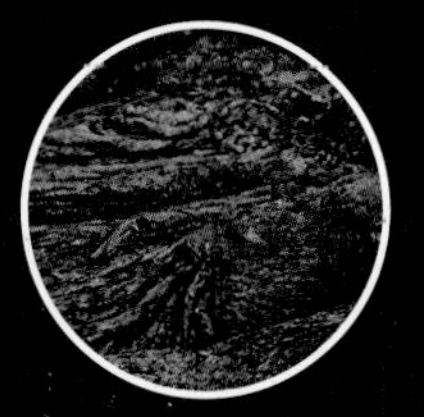
火成岩

沉积岩

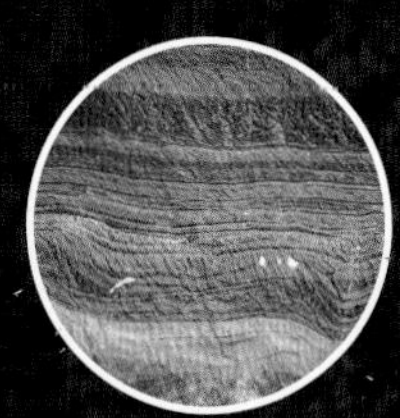
变质岩

3 风化和侵蚀

岩石循环

在上地幔，咕嘟冒泡的岩浆❶正在四处寻找冲出地表的路径。它们积蓄力量，疏通了一条火山通道，准备喷出地表。喷出地表后，岩浆冷却凝固❷，变成了火成岩。经过风吹日晒、雨水冲刷，火成岩不断被侵蚀❸，变成了细小的沙砾，河水将它们四处搬运❹。在某个地势低的地方，这些小沙砾慢慢沉积，变成了沉积岩❺。很快，它们会潜入地下，感受前所未有的高温高压。经过高温高压的锤炼后，它们就会变成变质岩❻。不过，许多变质岩无法忍受地底时时刻刻的高温高压❼，它们熔化成岩浆❶，故事又将从头开始……这场岩石的环游之旅就叫作岩石循环。

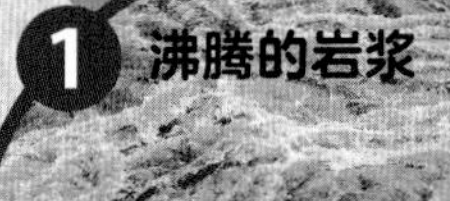

超强破坏力

生物的力量不容小觑，坚固的岩石有时也无力抵抗。在岩石遍地的野外，长在岩石上的野生植物具有超强的破坏力，它们强壮的根系就像一柄柄利刃，深深地插入岩石的内部，加速了岩石的破碎与风化。而在幽暗的海底，有些动物分泌出强酸，海底的岩石慢慢被溶蚀，形成了各种各样的海底洞穴。

4 四处搬运

5 沉积成岩

生物礁灰岩

在澳大利亚东岸的大堡礁，珊瑚和海绵动物死后会留下坚固的骨架。这些骨架聚集在一起，不断吸附海水里的碳酸盐颗粒和灰泥，在浅海地区形成了巨大的生物礁灰岩。

6 变成变质岩

7 高温高压

大约 260 万年前，早期智人就已经学会了打磨和加工各种岩石，他们将岩石制成各种各样的工具，并用这些工具采集植物、狩猎。这些原始的石制工具拉开了石器时代的序幕。

外星探测器前往遥远的地外星球，着陆后在外星球表面开始探测，其中一项重要的任务就是采集岩石标本。有了这些岩石标本，人类就可以了解地外星球的前世今生。

火成岩：冷凝的岩浆

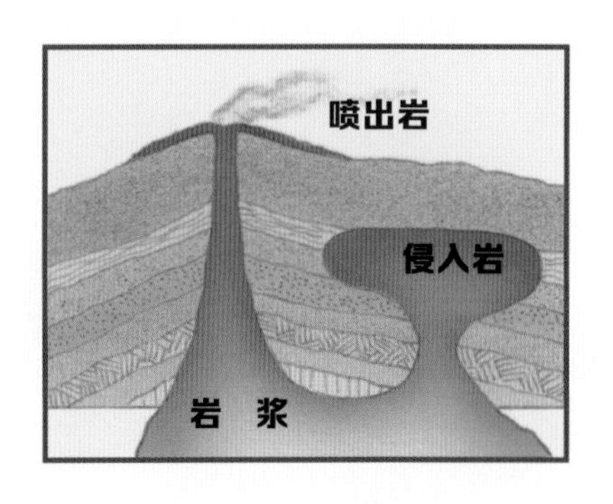

在地球内部，岩浆四处翻滚，它们试图从压力最小的薄弱地带喷出地表。当岩浆不断上涌时，有些岩浆的上升速度很快，它们迅速冲出地面，不过地表的温度很低，这些岩浆会迅速冷却凝固，形成喷出岩。有些岩浆的上升速度很慢，即使巨大的压力也不足以将它们带到地表，在离地面不远的地方，它们会慢慢冷却凝固，形成侵入岩。

橄榄岩

类型：侵入岩

主要矿物：橄榄石、辉石

橄榄岩是一种存在于上地幔的岩石，主要呈深绿色或绿黑色。即使是侵入岩，它也可以在火山作用下被抬升，所以我们有时在火山中能发现它的身影。

辉长岩

类型：侵入岩

主要矿物：斜长石、斜辉石

辉长岩位于玄武岩的下方，如果长期暴露在外，它会形成锯齿状的山峰。这种岩石有时也被称为黑色花岗岩，不过与花岗岩相比，它的颜色更深，质量更大，密度更大。

安山岩

类型：喷出岩

主要矿物：斜长石、角闪石、辉石

这种岩石大量发育于北美洲安第斯山脉，故而得名安山岩。它的分布范围十分广泛，仅次于玄武岩。它的颜色多种多样，新鲜时呈灰黑、灰绿或棕色。

流纹岩

类型：喷出岩

主要矿物：石英、长石、云母

流纹岩的化学成分与花岗岩十分相似，质地坚硬致密，常被用作建筑材料。它随着火山喷发喷出地表，快速冷却后会形成流纹结构，故而得名流纹岩。

黑曜岩

类型：喷出岩

主要矿物：石英

喷出地表的最外层岩浆快速冷却，它们来不及结晶，很快就凝固成块，形成了具有玻璃光泽的黑曜岩。其实，黑曜岩就是一种天然的黑色玻璃，石器时代的人们经常把它制成锋利的刀片。

玄武岩上密密麻麻的孔洞

浮　岩

类型：喷出岩

主要矿物：长石、石英、橄榄石、辉石

什么岩石会像冒泡的碳酸饮料？答案就是浮岩。当火山喷发时，潜伏在岩浆中的水分和气体来不及逃逸，它们会形成许多小气泡，这让岩浆看起来就像冒泡的苏打水。当岩浆慢慢冷却，这些小气泡就会变成许多密密麻麻的小孔洞。这些小孔洞让浮岩变得十分轻盈，甚至能漂浮在水中，浮岩的名字便由此而来。

中国长城：为了抵御敌人进攻，长城的基座铺设着坚固的花岗岩。

花岗岩

类型：侵入岩

主要矿物：石英、长石、云母

花岗岩拥有漂亮的花纹和坚硬的质地，人们用花岗岩建造出各种伟大的建筑物，埃及金字塔和中国长城的基座都是由坚固的花岗岩搭建而成的。

玄武岩

类型：喷出岩

主要矿物：斜长石、辉石等

岩浆喷出时快速冷却，但岩浆里的水分和气体还来不及逃逸，只能被围困在岩浆中，形成了杏仁状和气孔状的玄武岩。除了地球上，月球、水星、火星和金星上也到处都有玄武岩的踪影。

北爱尔兰巨人之路：4万多根玄武岩柱大多呈现出规则的六边形，它们绵延数千米，气势磅礴，蔚为壮观。

沉积岩：古老的书页

岩石、泥土、生物遗体暴露在自然中，它们被雨水一遍遍地冲刷，被风沙一遍遍地磨蚀，被风和河水四处搬运。最终，在低矮的湖底和海底，它们一层一层地堆积在一起。经过亿万年的时间，这些沉积物慢慢被压实固结，形成了层层叠叠的沉积岩。沉积岩就像一本厚厚的书，每一层都像书中的一页，它们各自记录着不同年代的地球往事。

燧石岩

燧石岩可以将我们带回200万年前的远古时代，人类的祖先曾经利用坚硬而锋利的燧石岩薄片，制成了最好的切割工具和武器，还用燧石岩取火，为人类带来了火种。

角砾岩

发生山体滑坡或者雪崩时，鹅卵石和其他各种古老的岩石会突然破裂，它们裹着各种小颗粒，慢慢胶结在一起，形成了角砾岩。由于整个过程太快，破裂的石头边缘来不及被磨圆，到处是锋利的棱角。虽然外观与砾岩十分相似，但砾岩里的石头大多是圆滚滚的，而角砾岩里的石头大多有棱有角。

在埃塞俄比亚的达洛尔火山，这里的年平均气温高达34℃，堪称地球的“热极”。强烈的阳光迅速蒸发水分，盐分析出地表，慢慢堆积，到处是黄色、红色、绿色的含矿盐层。

蒸发岩

在咸水湖区域，气候十分干燥，水分不断被蒸发，水中的盐度越来越高。这些咸水会慢慢结晶，形成石膏、石盐、钾盐等盐类矿物。久而久之，这些盐类矿物越来越多，它们聚集在一起，慢慢沉积为蒸发岩。

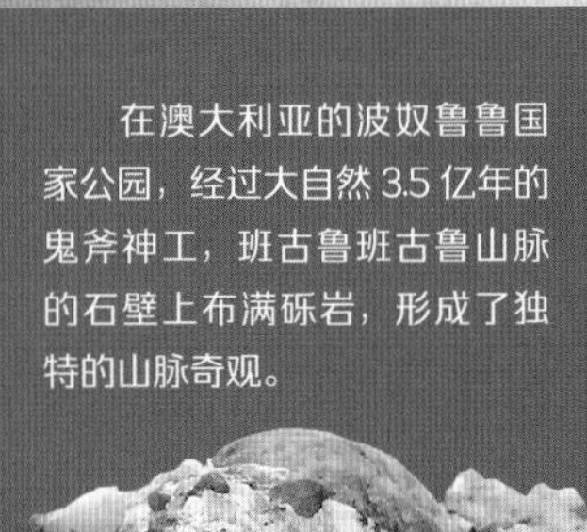

在澳大利亚的波奴鲁鲁国家公园，经过大自然3.5亿年的鬼斧神工，班古鲁班古鲁山脉的石壁上布满砾岩，形成了独特的山脉奇观。

砾　岩

在大自然的搬运下，圆滚滚的砾石（直径大于2毫米）堆积在一起。刚开始，石头间的缝隙很大，砂、粉砂、黏土和各种沉淀物趁机钻进缝隙里。经过上百万年的时间，这些松散的沉积物慢慢被压实，胶结在一起，形成了坚硬的砾岩。

白垩岩

在温暖的浅海地区，古生物的遗骸聚集在一起，它们远离陆地、沙子、泥土和其他沉积物的污染，慢慢沉积为白色的白垩岩。这些白垩岩记录着白垩纪的地质历史。

页 岩

浮游生物、细菌、植物的遗体在湖底和海底慢慢沉积，形成了一层一层像薄片或书页一样的页岩。页岩为化石的形成提供了绝佳的场所，古地质年代动植物的化石、动物的足迹化石都有可能在页岩中被保存下来。除此之外，有机物含量超高的黑色页岩中还有丰富的石油和天然气。

页岩具有页状或薄片状层理，用硬物击打极容易裂成碎片。

凝灰岩

火山喷发时，火山口附近的熔岩被炸碎，形成了各种各样的碎块、碎粒和灰尘，它们慢慢降落，沉积在地表或者海底，压实固结成凝灰岩。如果一个地方出现大量凝灰岩，则那里曾经极有可能发生过火山喷发。根据凝灰岩中的矿物，科学家可以大致确定火山喷发的时间和规模。

泥 岩

经过挤压、脱水和再结晶，黏土慢慢固结成泥岩，它不再松软，遇水也不会立刻膨胀。

砂 岩

各种砂粒（直径为0.05~2毫米）胶结在一起，形成了砂岩。各类建筑奇观中都有它的身影。

石灰岩

生物的遗骸堆积在地下，形成了富含碳酸钙的石灰岩。在许多石灰岩建筑中，恐龙的骨骼或许就藏在其中。

比萨斜塔斜立千年不倒，它是一座由白色石灰岩建造而成的钟塔。

变质岩：回炉重造

泰姬陵

被誉为“印度明珠”的泰姬陵是一座由白色大理岩建成的巨大陵墓。

当火成岩和沉积岩来到地壳深处，再一次遇见高温高压，地层的强烈挤压让它们扭曲和变质，原本的岩石完全分裂，它们只好吸收新的矿物，重新排列，形成另一种岩石——变质岩。

40米

泰姬陵的4个角落各有1座尖塔，它们高达40米，每座尖塔内有50级阶梯。

洋葱顶

一个洋葱形的大穹顶耸立在泰姬陵的最高处，它有近9层楼高。

台　基

四边形的台基高达7米，底下铺满砖块和碎石，台基的表面则铺满了白色大理岩。

当地壳不停运动，页岩承受着巨大的压力。由于所处的温度、压力不同，这些岩石变质的程度也各有不同。根据变质程度由低到高，这些岩石依次变成了板岩、千枚岩、片岩和片麻岩。

页　岩　（变质之前）

页岩就像一层层薄薄的书页堆积在一起，虽然它只是一种沉积岩，但如果受到地层长期的挤压，它就会变质为板岩。

板　岩　（低级变质）

经过轻微变质作用，薄片状的页岩会变为具有板状构造的板岩。板岩的颗粒极细，材质也更加坚硬。

大理岩

当石灰岩来到地下，经过高温高压的千锤百炼，它会出现许多薄片状、长条状的花纹，材质更加坚硬，质地更加细腻。年久日长，石灰岩就会变质为大理岩（俗称“大理石”）。洁白的大理岩象征着高洁与尊贵，泰姬陵、帕提依神庙等建筑奇观都是大理岩的杰作。

大理岩

这些洁白的大理岩是从322千米之外的采石场运来的，工程量十分巨大。

五彩宝石

在白色大理岩的表面，成千上万的玻璃、玛瑙，以及其他各种各样的宝石镶嵌其中。

石英岩

砂岩进入地底后，经过高温高压的百般折磨，终于变成坚硬的石英岩。古埃及人经常用坚硬的石英岩为法老们雕刻巨大的雕像。

蛇纹岩

经过变质作用，橄榄岩中的矿物会发生蛇纹石化，变质为青绿相间的蛇纹岩。这种岩石的外观很像蛇皮，故而得名蛇纹岩。

角　岩

当岩浆涌入黏土岩、粉砂岩和凝灰岩中，高温会让这些岩石发生剧变。岩石中的矿物重新结晶，形成一种新的变质岩——角岩。角岩的矿物颗粒细小，质地致密而坚硬。

榴辉岩

这是一种珍稀而美丽的变质岩，它的化学成分与玄武岩非常相似。不过，它的形成深度可达100千米，岩石里含有更加丰富的矿物，甚至还有可能包裹着钻石。

千枚岩（低级变质）

千枚岩的矿物颗粒非常细小，裂开后的表面会露出丝绢光泽，而且表面还分布着许多细小的褶皱。

片　岩（中级变质）

片岩是板岩的堂兄弟，它们都可以分裂成片状，但片岩比板岩承受了更高的温度和更大的压力，看起来也更有光泽。

片麻岩（高级变质）

片麻岩是岩石的祖先，这些片麻状的变质岩形成在高山底下的地壳深部。世界上最古老的片麻岩已经有大约40.3亿年历史。

化石：生命的记录

当一头恐龙死后，在一定条件下，它的骨头可以变成实体化石，它的粪便可以变成粪化石，就连它的脚印都可以变成遗迹化石。化石是远古时代的见证者，它帮助我们复原了许多已经灭绝的古生物，比如恐龙、猛犸象等。如果没有化石，我们或许就无法知道，地球上曾经出现过这些奇珍异兽。

菊　石

这是一种早已灭绝的海洋无脊椎动物，它住在一个螺旋状的硬壳里，菊花线纹非常引人注目。鹦鹉螺就是它的近亲。

印痕化石

虽然不能像动物一样留下实体化石，但植物也有一些硬组织，它们会在岩石上留下一道道印痕，变成印痕化石。

鱼类化石

鱼类是最古老的脊椎动物，从奥陶纪起，它们就生活在海洋中。

230千克

根据挖掘到的霸王龙化石，人们推测，霸王龙一口可以吞掉230千克肉，相当于一口可以吞下半匹马。

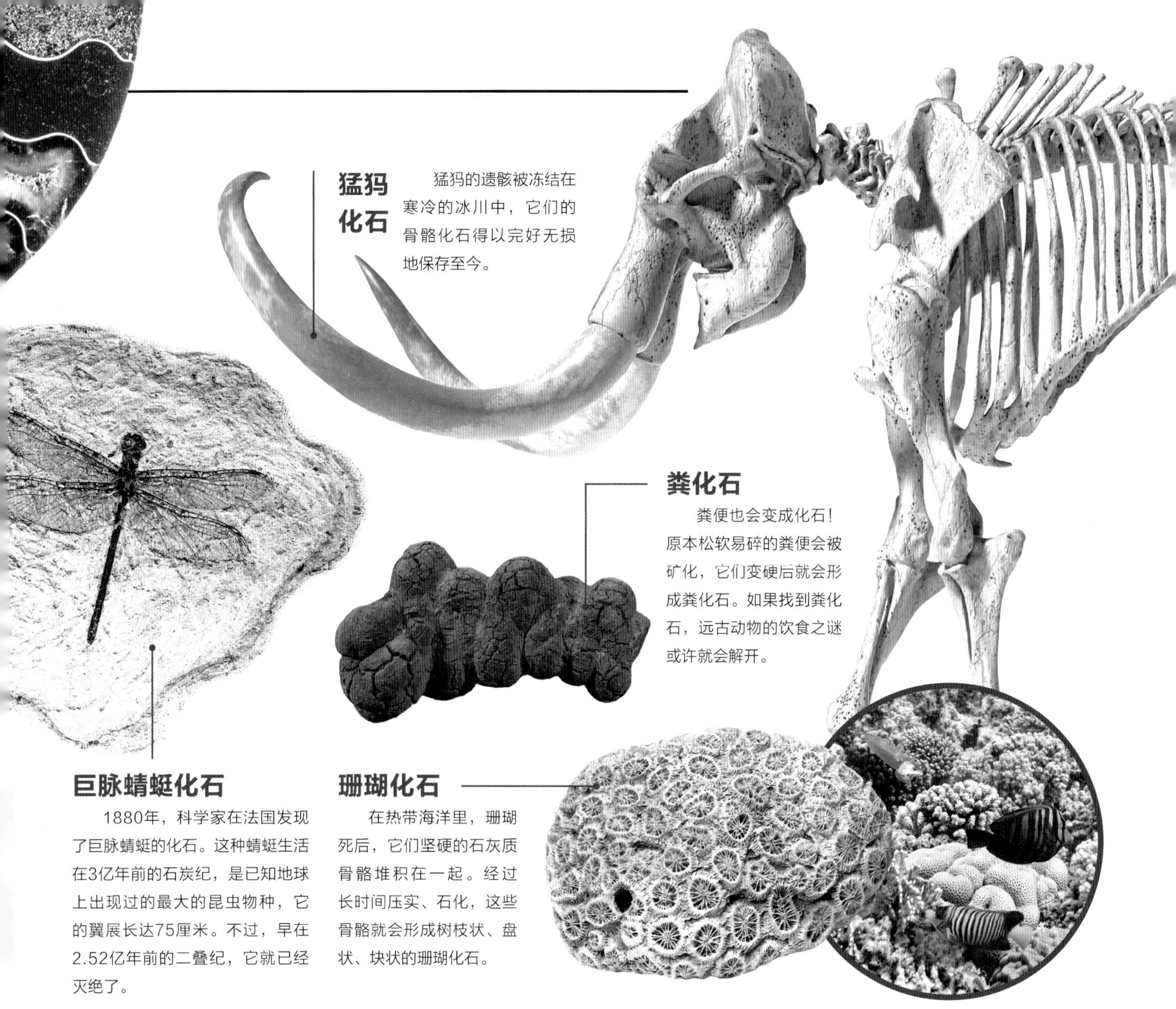

猛犸化石

猛犸的遗骸被冻结在寒冷的冰川中，它们的骨骼化石得以完好无损地保存至今。

粪化石

粪便也会变成化石！原本松软易碎的粪便会被矿化，它们变硬后就会形成粪化石。如果找到粪化石，远古动物的饮食之谜或许就会解开。

巨脉蜻蜓化石

1880年，科学家在法国发现了巨脉蜻蜓的化石。这种蜻蜓生活在3亿年前的石炭纪，是已知地球上出现过的最大的昆虫物种，它的翼展长达75厘米。不过，早在2.52亿年前的二叠纪，它就已经灭绝了。

珊瑚化石

在热带海洋里，珊瑚死后，它们坚硬的石灰质骨骼堆积在一起。经过长时间压实、石化，这些骨骼就会形成树枝状、盘状、块状的珊瑚化石。

硅化木

树木被迅速埋入地下后，地下水中的二氧化硅渗入树干，形成了树木化石——硅化木。它们质地细腻、坚硬，纹路清晰。

琥　珀

黏稠的树脂困住了许多小昆虫和植物碎片，在地下千万年后，它们会变成晶莹剔透的小生物坟墓——琥珀。

三叶虫化石

早在5亿年前，三叶虫就已经生活在漆黑的深海里。经过漫长的岁月，它们坚硬的背壳、腹缘及附肢等埋在海底，变成了三叶虫化石。

煤炭：可燃的岩石

在遥远的过去，原始森林里的植物死后，它们倒伏在地面，慢慢腐烂，形成了厚厚的腐殖质——泥炭。随着地壳不停运动，泥炭深埋地下，承受着地下的高温与高压。经过亿万年的漫长岁月，它们又会变成褐煤、烟煤和无烟煤。

远古植物
（2.5亿～3亿年前）

死亡腐烂

从植物开始……

早在3亿年前，地球上气候温暖潮湿，日照充足，泥炭沼泽里生长着茂密的植物。它们经历生长、死亡，倒伏在地面，慢慢腐烂。

腐殖质
（植物残体有机质）

泥炭化作用

变成泥炭……

在泥炭沼泽里，低等植物变成了腐泥，高等植物变成了泥炭，这是植物变成煤的第一步。

泥　炭
（松软潮湿）

成岩作用

变成褐煤……

越来越多的泥炭堆积在一起，形成了厚厚的泥炭层。经过地底的高温高压，它们被压实，进一步脱水、硬结，变成了更加细密的褐煤。

褐　煤
（质地变硬）

变质作用

变成烟煤……

地壳不断下沉，褐煤上面的覆盖层不断加厚。在更深的地下，褐煤继续脱水、硬结。在褐煤的内部，硫的含量越来越低，碳、氧的含量越高。经年累月，富含碳和氧的烟煤渐渐形成。

烟　煤
（致密而脆）

变质作用

变成无烟煤

地下的压力不断增加，烟煤不停变质，煤层里的水继续减少，碳含量继续增加。千百万年后，易燃的无烟煤终于形成。

石油：工业的血液

乌黑闪光的石油被誉为“工业的血液”。它不仅可以变成汽油、柴油、煤油等燃料，驱动各种各样的机械；还可以制成塑料袋、化肥、洗涤剂和油漆，让我们的生活更便利；甚至还可以制成衣服，穿在我们的身上。

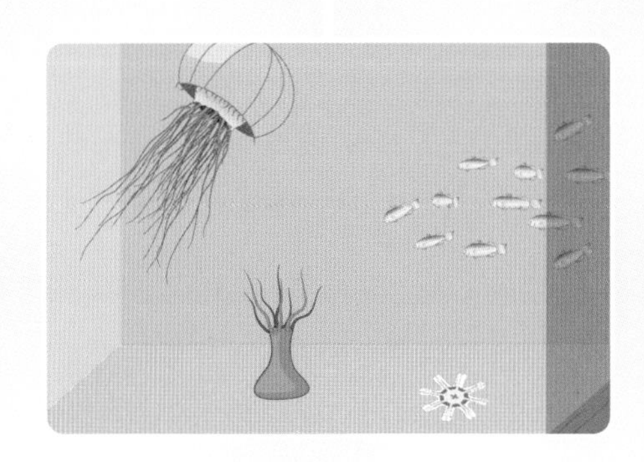

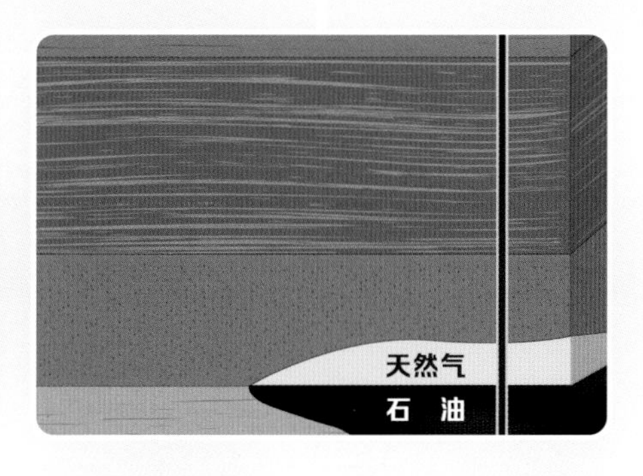

古生代海洋

在遥远的过去，海洋中生活着各种各样的生物，它们在海洋中不断生长，并慢慢死去。

生物沉积

生物死后，它们的遗体掉落在海床上，被层层泥沙掩埋。在缺氧的海底，富含有机质的生物遗体渐渐沉积成岩。

石油形成

经过漫长的时间和复杂的变化，岩层中的有机质逐渐液化，变成了乌黑闪光的石油。它们聚集在岩石的空隙中，并随着地层向上移动。

海洋钻井平台

几条“桩腿”插入海底，支撑起一个体形庞大的海洋钻井平台。这个庞然大物就像一个矗立在海上的钢铁巨人，它可以抵御海上的风浪，在辽阔的海底四处勘探和开采石油。

石油开采

石油深埋在海底，人们必须一遍又一遍地仔细勘探。勘探到石油后，海洋钻井平台开始大显身手。水下的钻杆安装好钻头，钻进几千米深的海底岩层，寻找油层的准确位置。

钻井平台开凿出一条到达油层的通道后，石油就会沿着油井从井底升到井口。如果地下的压力不足，人们还会用高压泵来抽取石油。

刚开采出来的石油原油是一种黏稠的黑褐色油状液体，它们未经任何加工处理。原油会被封存在储油桶中，运往世界各地的炼油厂。

岩石里的新宝藏

电灯照亮夜晚，机器不停工作，汽车、火车、飞机飞速疾驰……有了能源，世界开始快速运转。人们昼夜不停地开采煤和石油，将它们运往世界各地。但总有一天，这些能源都会消耗殆尽。在我们的脚下，岩石里还藏着许多新的宝藏。

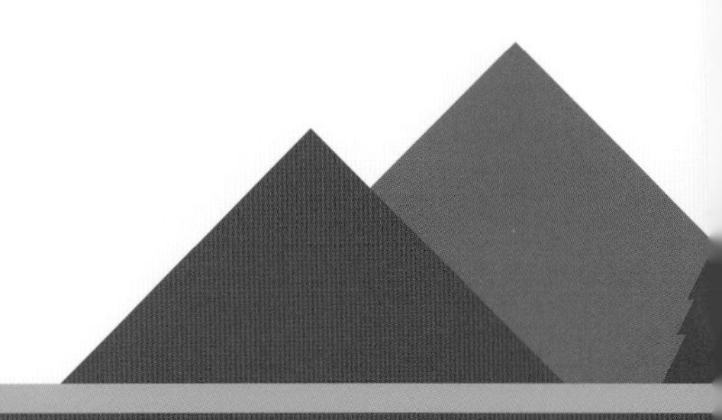

含水层

页岩气

可燃冰

在陆地的永久冻土和300米以下的深水沉积物中，高压和低温笼罩着一切。这里的天然气和水分子会结晶，形成一种白色或者浅灰色的固态物体，它们看起来酷似冰块。由于里面的甲烷含量高达80%以上，它们一遇到火便会燃烧。这种物质就是天然气水合物，俗称“可燃冰”。

1立方米可燃冰可以释放出160 ~ 180立方米的天然气，它的能量密度是煤的10倍，而且燃烧后不会产生任何残渣和废气。

锰结核

在阳光止步的海底，一团黑不溜秋的锰结核里包裹着锰、铁、镍、钴等30多种元素。水流带着金属元素流入海洋，海底火山喷出的金属元素沉入海底，浮游生物的尸体在海底沉积，还有几千吨宇宙尘埃沉进海底……在未知的深海荒原，锰结核每年都会增长近1 000万吨。

锰结核的形态多种多样，有球状、椭圆状、土豆状、葡萄状等。它们的大小悬殊，小至几厘米，大到几十厘米，有的甚至可达1米。

干热岩

在我们脚下数千米深的地球内部，到处是不起眼的高温岩石，它们的温度一般大于200℃，里面蕴藏着巨大的热能。这些高温岩石不停加热附近的地下水，让地下水将地下的热能带回地表。由于这些高温岩石里既没有水，也没有蒸汽，人们便将它们命名为干热岩。

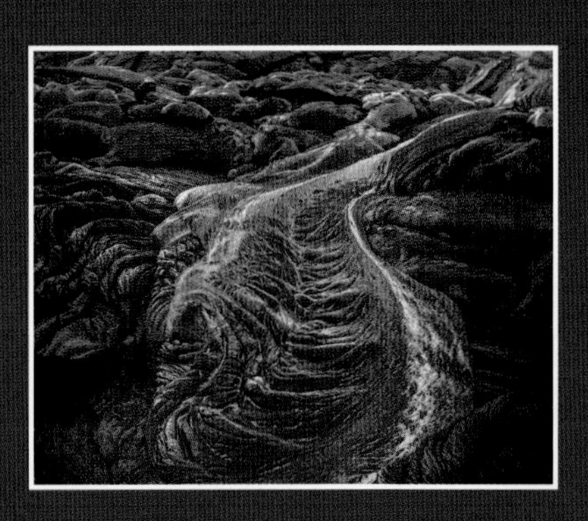

陆地上所有干热岩的能量相当于4 950亿吨煤的能量，它是全球所有石油、天然气、煤炭能量之和的近30倍。

页岩气

数亿年前，海洋中漂浮着大量的浮游生物，这些生物死后，它们的遗体掉落在海床上。由于当时海水中的氧气含量没有现在的这么高，这些富含有机质的遗体得以保存。随着时间的流逝，它们在页岩层中不断变化，最终形成了页岩气，富集在岩石中肉眼看不到的微小孔隙中。

水力压裂

人们利用高压水的压力，不断将岩石的裂缝扩大，释放岩石中的页岩气，让它们顺着气井慢慢回到地面，进入储气罐中。

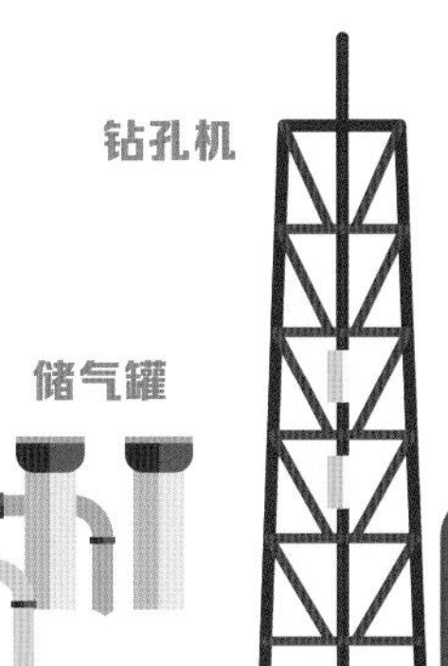

压裂液和沙子混合，一起注入气井。

地热奇观

温泉、热泉、沸泉……在世界屋脊的群山环抱之中，羊八井地热田的热水从地下咕嘟冒出，热气在这里日夜蒸腾。

在美国黄石国家公园的地热区，一座古老的喷泉从地底喷出 3 万多升 93℃的热水，喷泉的高度可达 40 ~ 50 米。与其他喷泉不同，每隔几十分钟，这座喷泉就会喷发一次，每次历时大约 4 分钟。无论春夏秋冬，它从来不会令人失望，故而得名“老实泉”。

在冰岛的纳玛菲珈尔地热区，到处是被硫黄熏黄的地面、咕嘟冒着水和泥浆的“温泉”，还有弥漫着臭鸡蛋味的烟雾。

矿物世界

水　晶

如果石英结晶的时候，里面没有一丝杂质，石英晶体就会变成无色透明的水晶；如果里面含有不同的微量元素，石英晶体就会变成不同颜色的水晶。我们之所以能看到漂亮的紫水晶，就是因为石英晶体中掺杂了铁和锰等元素。

形形色色的矿物为我们建造了一个丰富多彩的“矿物世界”：它们形态多样，有长条状、针状、立方体状；它们大小各异，小到只能用显微镜观测，大到与参天大树一样；它们无处不在，藏在岩石、沙子和土壤中，藏在机器和房子里，也藏在我们的身体里。

元素与矿物

目前，地球上已发现的元素共有 118 种，其中一些元素是单质，但绝大多数元素会结合形成化合物。这些化合物有的成了气体，比如二氧化碳；有的成了液体，比如水；还有的成了固体，比如大多数矿物。

天然的馈赠

无论在地下，还是在地表，物体的微小粒子按照不同的规则，整齐地排列在一起，它们慢慢结晶，变成了闪闪发光的矿物。各种各样的矿物聚集在一起，又会变成各种各样的岩石。

无处不在的矿物

经过亿万年的地质运动，地球上出现了各种各样的矿物。虽然矿物没有生命，但经过自然结晶，它们的外形千姿百态，颜色缤纷多彩。翠绿的孔雀石是珍贵的宝石，暗红色的赤铁矿是炼铁的重要原料，灰黄的黏土矿被烧制成精美的陶瓷……

4 400种

目前，我们已知的矿物大约有4 400种，其中大约有2 900种（即三分之二）与地球上的生命息息相关。但在地壳中，常见的只有大约30种。

五彩矿物

比起黯淡无光的岩石，矿物看起来更加五彩斑斓。有些矿物自身所固有的颜色非常绚丽，比如蓝铜矿、孔雀石；有些矿物混入不同的杂质后，被染成其他颜色，比如紫水晶；有些矿物在自然光的照射下，会绽放出七彩光芒，比如黄铜矿。

孔雀石

黄铜矿

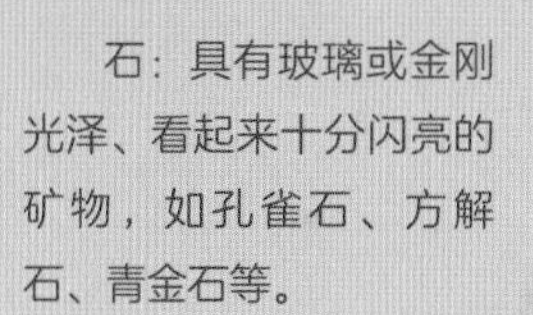

蓝铜矿

大自然的颜料

古代人们将色彩斑斓的矿物研磨、捣碎，调制成各种矿物颜料，涂抹在壁画、工艺品和其他艺术作品上，给人类留下了许多闻名遐迩的艺术瑰宝。几千年前，古埃及人将青金石或者蓝铜矿磨成粉末，调制出最早的人工颜料之一——埃及蓝，并用这个颜料给各种神灵的画像、雕像上色，甚至用它来装饰法老的坟墓。

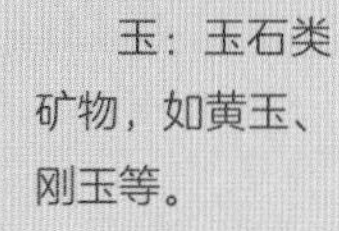

常见的矿物

矿：具有金属或半金属光泽，或者可以从中提炼出金属的矿物，如黄铜矿、赤铁矿等。

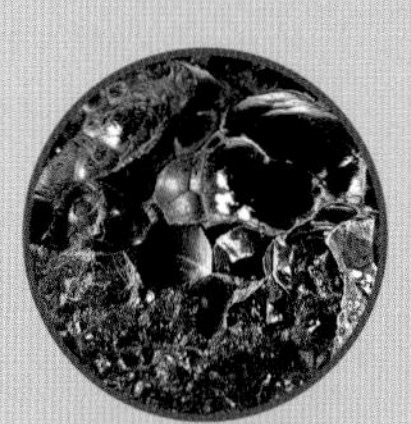

石：具有玻璃或金刚光泽、看起来十分闪亮的矿物，如孔雀石、方解石、青金石等。

矾：易溶于水的硫酸盐矿物，如胆矾、明矾、白矾等。

玉：玉石类矿物，如黄玉、刚玉等。

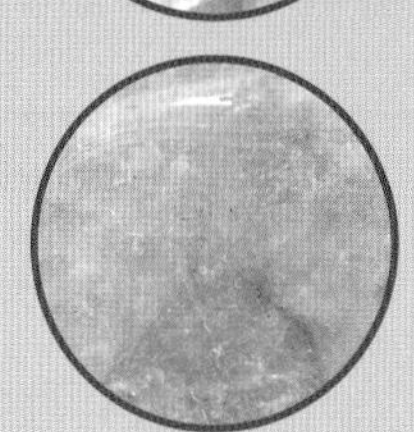

华：地表次生的松散状矿物，如钨华、镍华等。

闪闪发光的晶体

在地球的岩层中，微小的原子、离子和分子有规则地排列在一起，形成了具有规则的几何结构的晶体。晶体有大有小，已知最大的单个晶体长约 50 米，最小的晶体连 1 微米都还不到。

晶 格

晶体的内部有许多原子，这些原子就像一个个小球，它们按照特定的几何规律，排列得十分整齐，比士兵的方阵还要整齐得多。如果用线条把这些原子连接起来，它们就像一个被大自然巧妙加工的三维空间格架。晶体内部这种排列整齐的空间格架就是晶格。

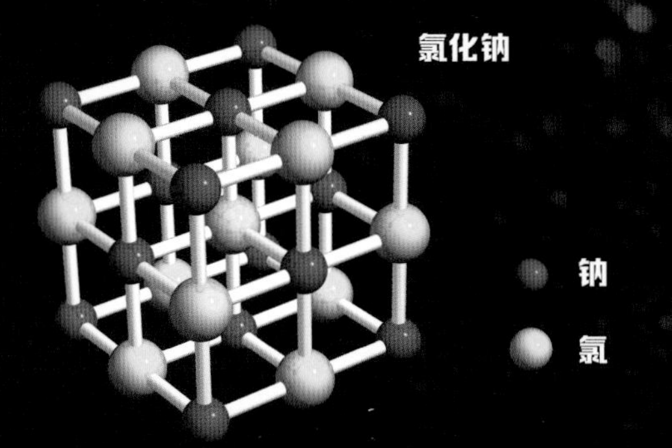

对称的晶体

虽然晶体的晶系各不相同，它们的外观也千姿百态，但这些晶体都具有对称性。

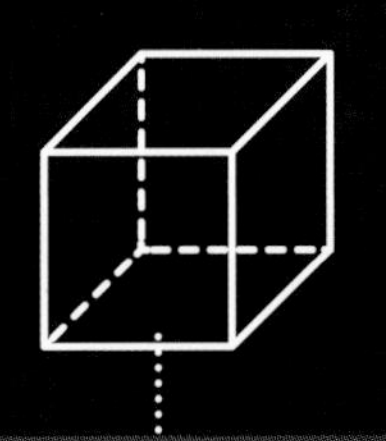

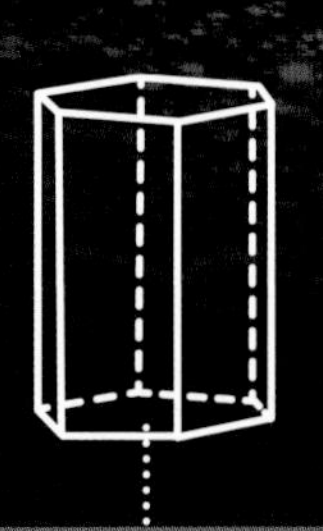

晶 系

不同的晶体拥有不同的几何结构。按照晶体的对称特性，矿物学家将自然界中各种各样的晶体分为七大晶系。

等轴晶系

这个晶系的晶体对称性最强，大多数看起来就像方方正正的立方体。

萤 石

六方晶系

这个晶系的晶体常常呈现出六棱柱状、六方板状或六方片状。

绿柱石

四方晶系

这个晶系的晶体看起来就像立方体被拉长，变成了柱状或针状。

金红石

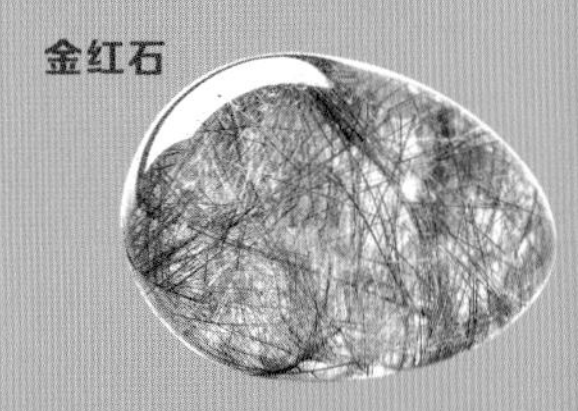

经过切割、打磨和抛光后，许多珍贵的矿物会变成价值不菲的宝石。

有时，晶体的晶面上有许多阶梯状的缺口，每一个缺口上对应的面都互相平行。它们就像无数面小镜子，经过光的反射，让整个晶体看起来闪闪发光。

晶　簇

在岩石的空洞或裂隙中，晶体的一端固定在洞壁或者裂隙壁上，另一端朝着各个方向自由发育，看起来就像石头里长出来的“石头植物”一样。这群生长在一起的晶体就是晶簇。

晶　面

在晶体的生长过程中，原子相互结合，形成了许多三维结构的晶格，晶格最外层的平面就是晶面。由于原子按照一定规则排列在一起，所以晶面看起来十分光滑、平整。但是，如果用放大镜或者显微镜仔细观察时，你会发现，看似平整的晶面上常常会出现各种凹凸不平的晶面花纹。

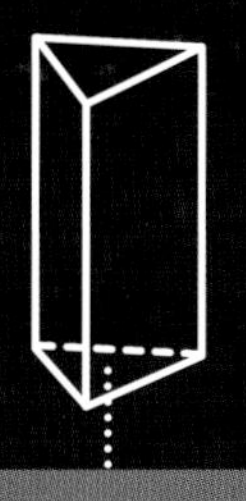

三方晶系

这个晶系的晶体呈三棱柱状或三角片状。许多水晶都是三方晶系。

石　英

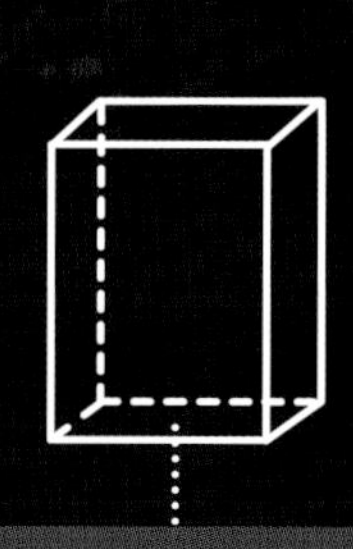

正交晶系

这个晶系的晶体就像立方体被拉长后又被拉宽，看起来就像砖块一样。

黄　玉

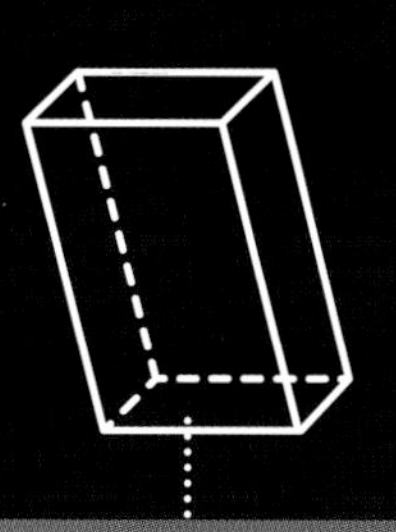

单斜晶系

这个晶系的晶体就像砖块顺着一个方向被推压一下，变成了一块倾斜的砖块。

蓝铜矿

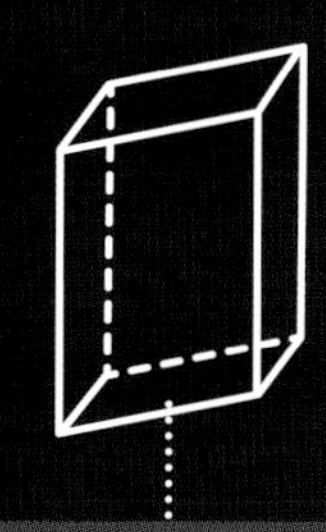

三斜晶系

这个晶系的晶体每一个晶面都变成了菱形，看起来就是扁的、歪的或斜的。

月光石

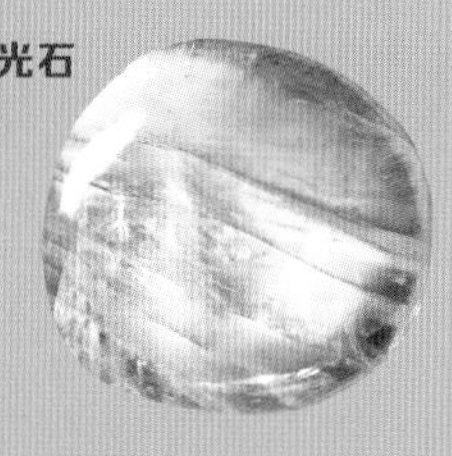

造矿矿物

在漫长的一生中，我们每个人都要消耗大约 100 万千克来自地下的矿产原料……人们从矿山中开采出有价值的矿石，矿石中的各种矿物被称为造矿矿物，它们可以分为三大类：黑色金属矿物、有色金属矿物、非金属矿物。

有色金属矿物

除铁、铬、锰等黑色金属以外的所有金属矿物就是有色金属矿物，它们可以分为四类。

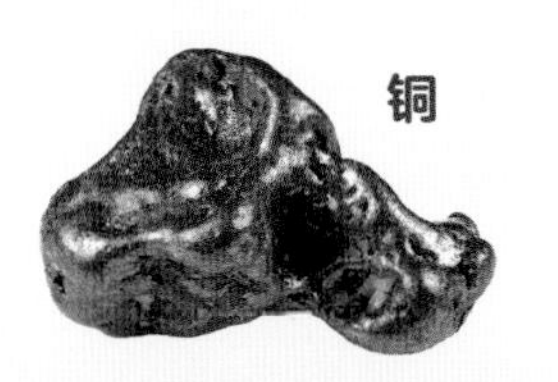
铜

轻金属：密度小于5克 / 厘米^{3}的金属，比如铝、镁、钾、钙等。

重金属：密度大于5克 / 厘米^{3}的金属，比如铜、铅、锌等。

贵金属：自然界中含量少、不易开采、价格昂贵的金属，比如金、银等。

稀有金属：自然界中含量少而分散、较难提炼的金属，比如钨、锂、铂、镧等。

非金属矿物

非金属矿物没有金属或半金属光泽，它们通常具有玻璃光泽或其他非金属光泽，如金刚石、石墨、云母、萤石、石英等。

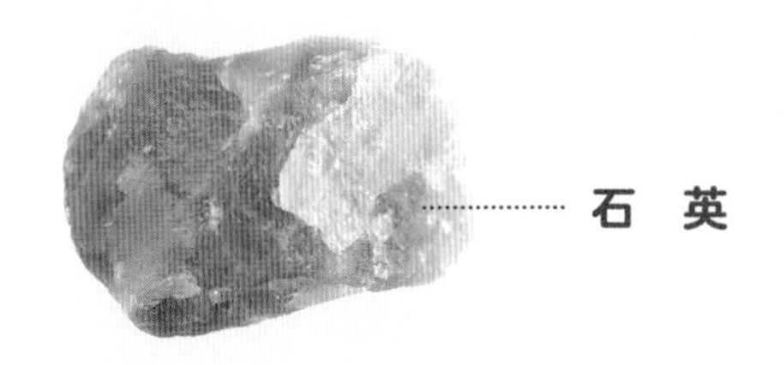
石 英

金刚石

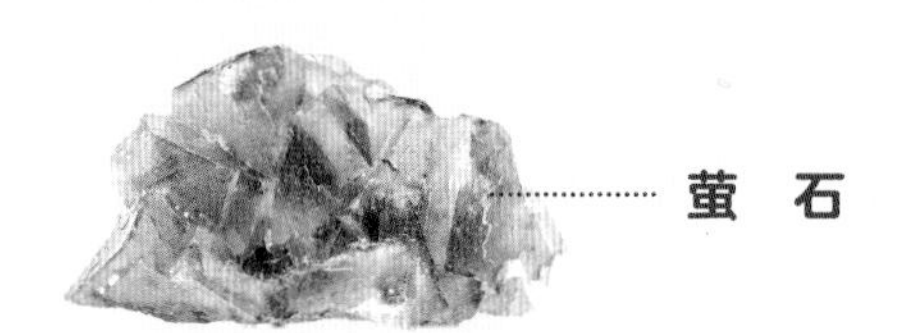
萤 石

黑色金属矿物

含有金属铁、锰、铬等元素的矿物就是黑色金属矿物，它们是冶炼钢铁的主要原料。

赤铁矿

赤铁矿是自然界分布广泛的铁矿物，也是炼铁的重要原料，因为它的含铁量高达70%。除了炼铁，赤铁矿还可以制成首饰、颜料，甚至药品。

黄铁矿

这种金光闪闪的铁矿外形酷似黄金，常被人们误认为黄金，故而又称“愚人金”。如果把同样大小的黄金和黄铁矿放在手里掂量，黄金比黄铁矿重约3倍。

美国的宾汉峡谷铜矿宽约 4 000 米，深约 1 200 米，它看起来就像一个巨大的“超级漏斗”。每天，这里都有几百台采矿车和运输车不知疲倦地运输着铜矿，除此之外，还有大量的金、银等贵金属从矿石中被分离出来。

造岩矿物

自然界中人类已发现的矿物有 4 000 多种，但构成岩石的造岩矿物只有 1 000 多种，其中比较重要的有 7 种：长石、石英、云母、闪石、辉石、橄榄石和方解石。

长 石

长石是地质世界的无名英雄，它在地壳中的比例高达60%，各类岩石中都有它的踪影。长石拥有玻璃光泽，颜色多为白色或浅色，玻璃、陶器、瓷砖、保温材料等都是它的杰作。

日光石

月光石

神秘的日光石和月光石都是长石家族的杰出代表，它们被视为太阳神和月亮神赐给人类的礼物。

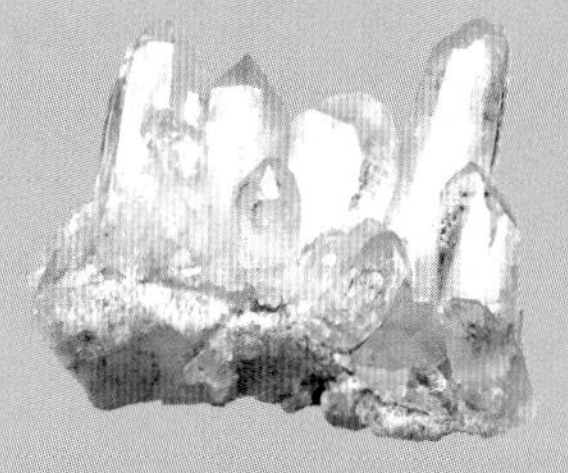

石 英

这是一种坚硬、耐磨的矿物，也是地球表面分布十分广泛的矿物。早在石器时代，人们就用它制作石斧和石箭。最令人不可思议的是，地球上近70%的沙粒中都有石英。

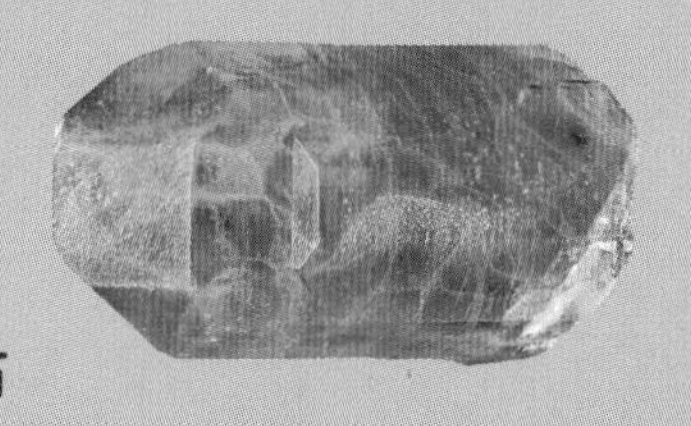

橄榄石

在地壳下方的上地幔，高温岩浆不断涌出，它们冷却凝固后形成了橄榄石。由于色泽透亮，颜色鲜艳，橄榄石常被打磨成珍贵的宝石。

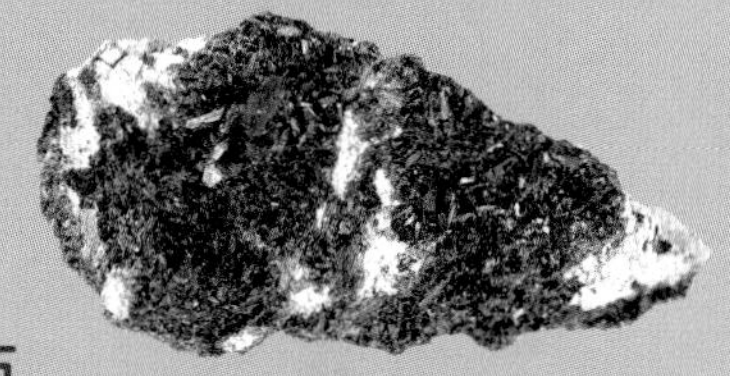

闪 石

这种黑色的矿物分布广泛，火成岩中常常有它的身影，变质岩中也不少见。闪石的形态和组成成分与辉石非常相似，不过辉石看起来更短而粗，而它看起来更瘦而长。

辉 石

随手捡起一块石头，只要是火成岩或者变质岩，里面就很有可能有辉石的身影。黑色的辉石闪耀着玻璃光泽，辉石晶体常常呈现出短而粗的柱状。

云 母

云母大多具有六边形片状晶体结构，看起来光泽透亮。这种矿物最大的特点就是绝缘和耐高温，所以它被广泛地用于制作各种电气设备、涂料、建材、橡胶和灭火剂。

方解石

方解石种类繁多，形状千变万化，颜色五彩缤纷，溶洞中的钟乳石和许多生物壳体都是由方解石构成。方解石多为美丽的蝴蝶状双晶，透过它看到的物体呈双重影像。

千姿百态的矿物

千人有千面，数千种矿物也有数千种姿态。要一眼认出所有的矿物，这并不是一件容易的事情。有些矿物像一对对双胞胎，你几乎看不出任何不同；有些矿物非常善于伪装，它们会欺骗你的眼睛，让你真假难辨……

矿物世界千姿百态，每一种矿物都有自己独特的形状和特征。仅凭一双肉眼，我们就能从颜色、光泽和形态鉴别出许多矿物。但如果想要鉴别更多的矿物，我们还需要了解矿物更多的特征，有时可能还需要借助更加专业的仪器。

形　态

原子搭建出各种各样的晶格，形成了千姿百态的矿物晶体。根据形态不同，它们可以分为三向等长（如粒状）、二向延展（如板状、片状）、一向伸长（如柱状、针状、棒状）。

三向等长

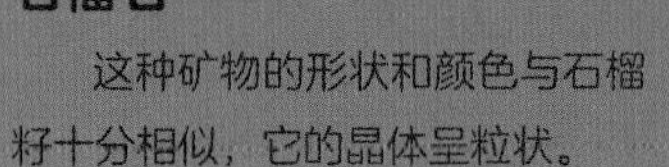

石榴石

这种矿物的形状和颜色与石榴籽十分相似，它的晶体呈粒状。

二向延展

云　母

这种矿物就像一层一层紧密堆叠的书册，它的晶体是薄薄的片状。

一向伸长

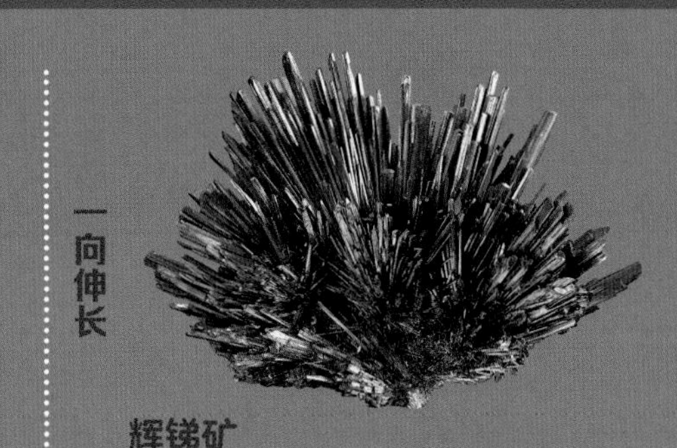

辉锑矿

这种铅灰色的矿物形成了许多针状的晶体，它们就像无数根瘦长的细针。

密　度

如果一块黄铜矿和一块黄金体积相同，那么黄金比黄铜矿重3倍，这是因为它们拥有不同的密度。不同的矿物密度各有不同，人们经常会利用密度来辨识不同矿物。

条痕色

颜色是我们认识矿物的第一信号，比如紫色的萤石、绿色的孔雀石、铜黄色的黄铁矿。但有时颜色也会欺骗我们。如果在一块无釉的素瓷上摩擦，矿物的粉末就会在瓷片上留下各种颜色的条痕。这些条痕的颜色才是矿物真正的颜色。

虽然黄铜矿看起来金光闪闪，但粉末在白瓷板上留下的却是黑绿色的条痕。其实，黄铜矿并不是铜黄色的，黑绿色才是它真正的颜色。

解理性

如果你用力敲击矿物，矿物会沿着一定的方向裂开，形成一个个平面，这种现象就叫作解理，裂开的平面就是解理面。云母多是片状晶体，受到敲击后，它会呈现出一层一层片状的解理面。

脆性与韧性

脆性和韧性是相反的一对。脆性矿物受力时容易破裂，韧性的矿物受力时不容易破裂。

黑曜石

黑曜石看起来就像玻璃，它受到敲击后非常容易破碎。

黑钻石

黑钻石是世界上韧性最大的矿物。在各种颜色的钻石中，它的数量十分稀少。

光　泽

闪闪发光的矿物晶体反射各种光线，闪耀着奇特的光芒，这就是它们的光泽。光泽有明有暗，天然的金属具有金属光泽；闪耀的钻石具有金刚光泽；透明的水晶具有玻璃光泽；但也有些矿物看起来没有光泽，比如海绿石。

水晶看起来像一块透明的玻璃，它散发着玻璃光泽。

黄铁矿是天然的金属，它散发着金属光泽。

摩斯硬度计

1822 年，奥地利矿物学家摩斯制定出摩斯硬度计，他将矿物按硬度从小到大划分为 10 级。

1 

滑　石

2 

石　膏

3 

方解石

4 

萤　石

5 

磷灰石

6 

长　石

7 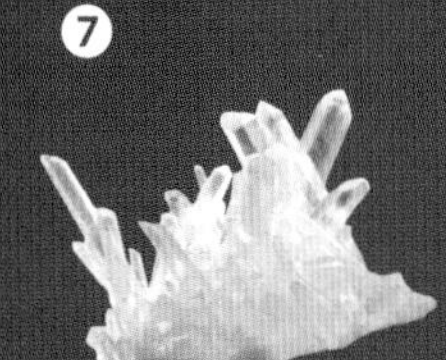

石　英

8 

黄　玉

9 

刚　玉

10 

金刚石

宝石展览馆

在矿坑中，刚刚开采出来的宝石原石貌不惊人，它们看起来就是一块块普通的石头。但是经过切割、研磨和抛光后，它们光芒四射，变成了各具特色、光彩夺目的宝石。它们会被设计成闪耀的珠宝，镶嵌在戒指、项链或王冠上。

海蓝宝石原石

石　英

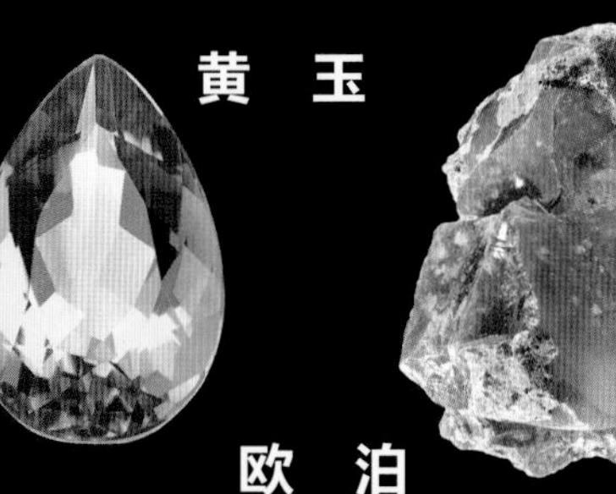
黄　玉

欧　泊

色彩斑斓的欧泊被誉为宝石的“调色板”。

红宝石

微量的铬元素让红宝石绽放出耀眼的红色光芒。

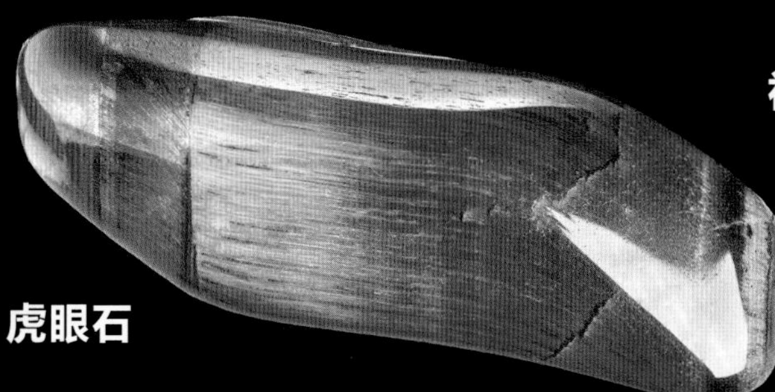
虎眼石

祖母绿

石榴石

钻　石

自然界中最坚硬的物质。

孔雀石

红水晶

黄水晶

紫晶簇

玛　瑙

这种质地细腻的玉石常常出现在岩石的空洞或裂隙中。

海蓝宝石

钻　石

橄榄石

月球、火星和一些彗星上也有它的踪迹。

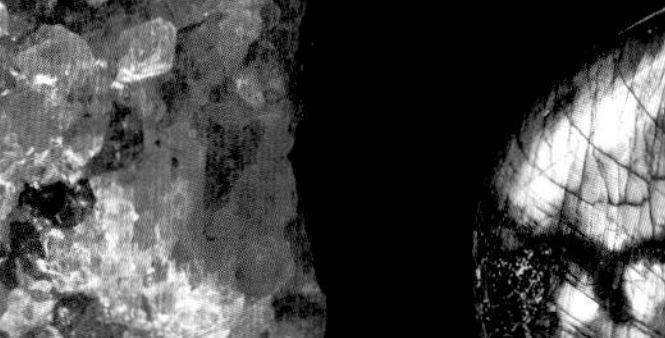

紫水晶

因含铁、锰等元素，水晶会呈现出漂亮的紫色。

拉长石

共生石

玛瑙和水晶共生是大自然的奇迹。

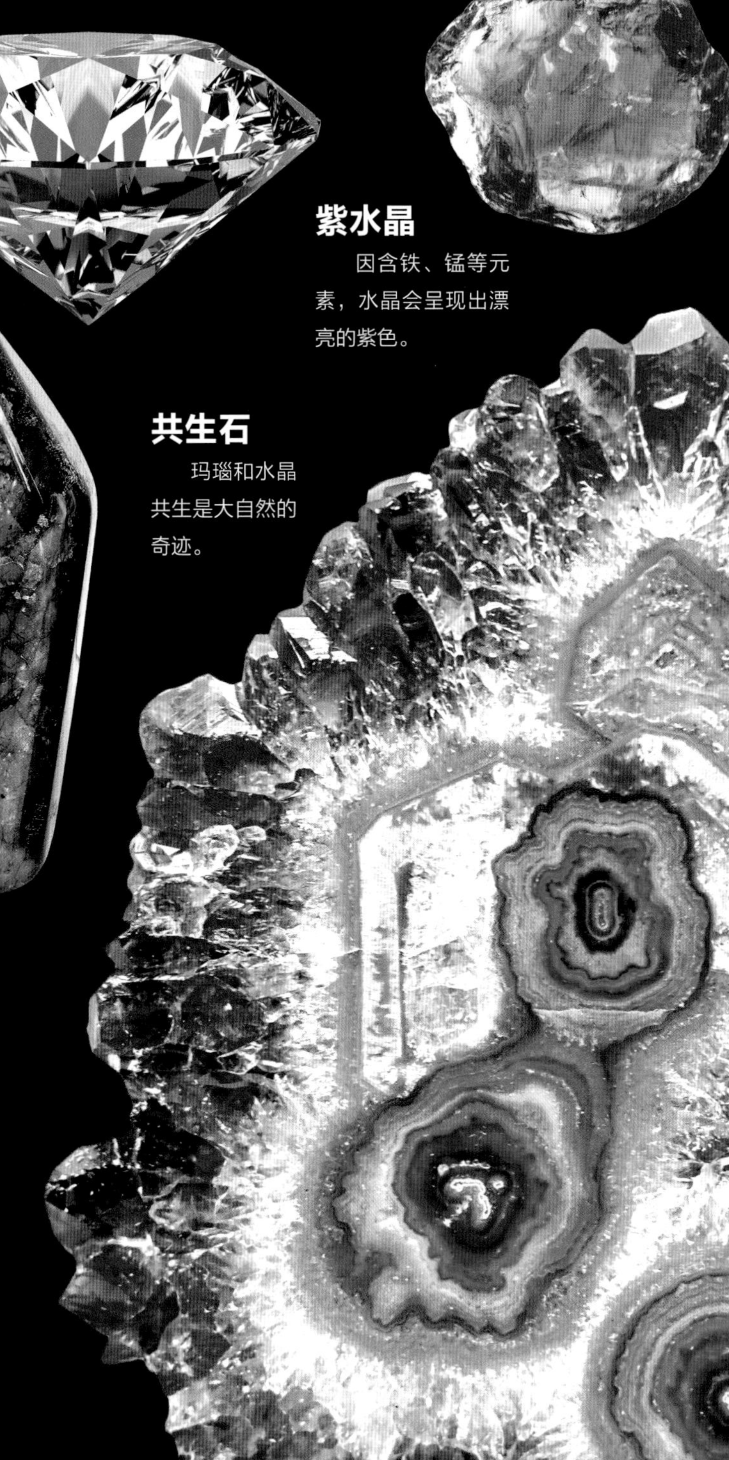

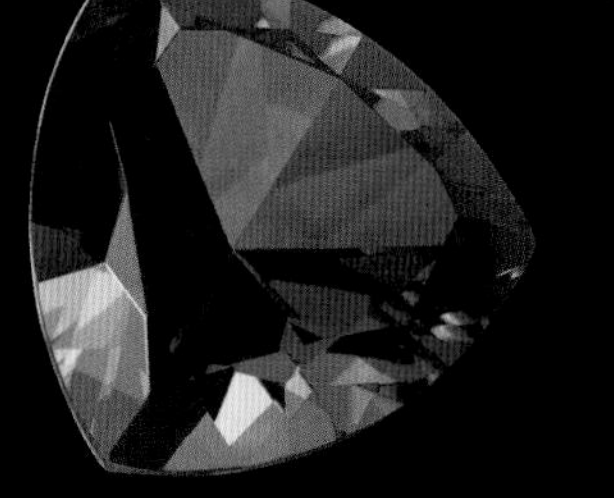

蓝宝石

钻石、红宝石、蓝宝石、祖母绿、猫眼石被誉为“世界五大宝石”。

碧　玺

在各类宝石中，碧玺的颜色绝对算得上复杂多变，单个碧玺上都可能出现不同的颜色。颜色越浓艳，碧玺的价值越高。

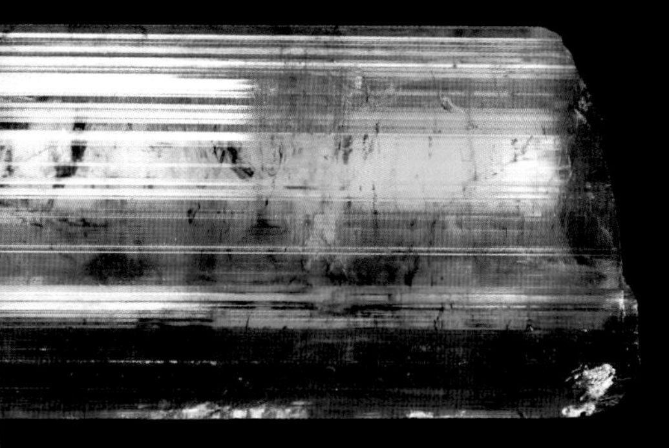

玉不琢，不成器

被开采和挖掘出来后，宝石就已经问世，只不过，最初的宝石原石相貌平平。“玉不琢，不成器。”为了让宝石大放异彩，珠宝大师用一双巧手，将宝石设计成各种形状，让宝石拥有了真实的生命力。

宝石开采

在自然界中，目前人们已知的矿物约有 4 400 种，但被大家公认的宝石种类却十分有限。受到剧烈震动时，宝石非常容易破碎，破碎后的宝石价值会大打折扣。为了开采出完好无损的宝石，人们开始采用机械与人工合作的方式。在盛产翡翠原石的缅甸山区，工人们先用重型机械开凿山体，然后再利用鹤嘴锄、铁铲等工具，在矿区进行手工开凿。

大自然日复一日地侵蚀着岩石，许多埋藏其中的宝石会破碎、剥落，有时还会被水流带到远离矿区的河床或沙滩上。此时，工人们就会对河道中的岩石不断进行淘洗、筛选，将珍贵的宝石和矿物挑选出来。

美国淘金热

19 世纪，美国加利福尼亚州兴起了淘金的热潮，世界各地的淘金客来到这里探寻黄金。

宝石切割

1939 年，为了鉴定宝石的价值等级，世界上最大的钻石公司戴比尔斯集团引入了 4C 标准，即切工 (Cut)、色泽 (Color)、克拉 (Carat) 和净度 (Clarity)。

什么是克拉？

克拉是宝石的质量单位。最初，1克拉代表1颗长角豆种子的质量。到了中世纪，1克拉代表4颗小麦的质量。现在，1克拉大约相当于0.2克。

圆　形

祖母绿形

垫　形

椭圆形

通过反复的切割、研磨、抛光，一颗闪亮的钻石终于大放光芒。

宝石加工

从矿坑中刚开采出来的都是宝石原石，原石看起来十分粗糙。要想大放光芒，原石还需要经过精细的加工设计。由于宝石十分贵重，稀有而坚硬，加工需要十分慎重。根据不同的宝石品种，切割师需要仔细观察宝石的形状和特征，然后精准切割。他们既要让宝石绚丽夺目，还要最大限度地保持宝石的重量和体积。

“好马配好鞍。”切割完成后，一颗珍贵的宝石往往还需要搭配各种珍贵的金属或者其他宝石。此时，珠宝设计师就会精心设计与搭配，让宝石以最完美的形态呈现在人们眼前。

赌　石

由于长时间被风化侵蚀，很多翡翠的外皮会呈现出各种各样奇怪的颜色。只有去除外皮后，翡翠才会露出里面晶莹剔透的翡翠肉。很多人会以相对便宜的价格买下一些貌不出奇的翡翠原石，希望能在里面发现成色、种水上佳的翡翠。这种买卖就是“赌石”。

每年，云南瑞丽的翡翠公盘是翡翠界的交易盛会。

形

雷迪恩形

马眼形

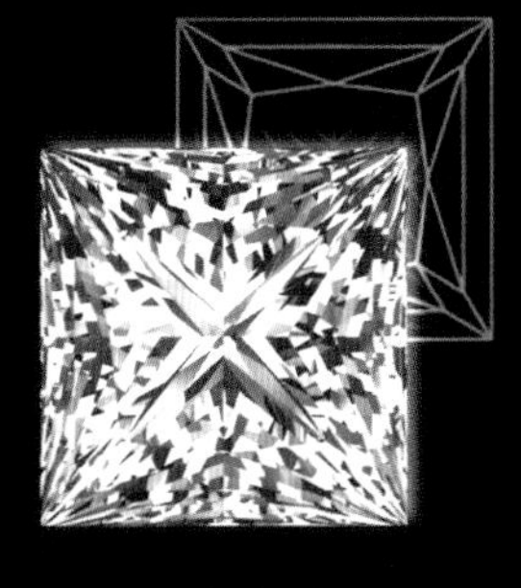

公主方形

梨　形

阿斯切形

宝石之美

晶莹剔透的宝石闪闪发光，净度极佳，色彩鲜艳夺目。它们被王公贵族视为身份与权力的象征：古埃及人用金、银、玉制作象征永生和权力的首饰，欧洲王室用贵重的宝石点缀华丽的王冠与权杖，中国古代的帝王用玉石制作象征王权的玉玺……除此之外，许多流传千古的故事更是让宝石蒙上了一层层神秘的面纱。

"黑王子红宝石"镶嵌在王冠最显眼的中心，这颗鸡蛋大小、重约170克拉的宝石是一颗红色的尖晶石。

Imperial State Crown

英王权杖

1661 年，英王权杖问世，在英王查理二世的加冕典礼上，这根权杖正式成为王权的象征。到了 1910 年，为了让权杖更加光芒万丈，英国国王请专家将"非洲之星"切割成多颗，并将其中最大的钻石"非洲之星Ⅰ"镶嵌在英王权杖的上端。这颗钻石形似水滴，重达 530.2 克拉。

英帝国王冠

1838 年，英帝国王冠第一次出现在维多利亚女王的加冕仪式上。这顶王冠上镶嵌着许多颗珍贵的宝石：4 颗红宝石、11 颗祖母绿、16 颗蓝宝石、227 颗珍珠和 2 800 多颗大大小小的钻石。值得一提的是，世界第二大钻石"非洲之星Ⅱ"后又被镶嵌在王冠的正下方。

The King's Royal Sceptre

钻石之王

1905年，重达3 106克拉的"非洲之星"在南非的普列米尔矿山被发现。由于原石太大，人们只好将它切割成9颗大钻石和96颗小钻石。

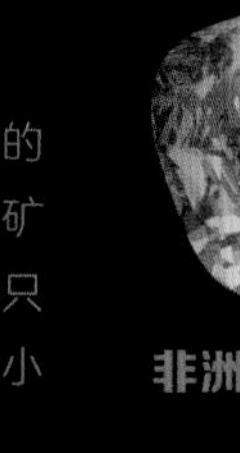

The Hope Diamond

希望蓝钻石

相传，这颗重约112.5克拉的希望蓝钻石是一颗被诅咒的钻石，因为每一位拥有过它的主人不是命运曲折就是离奇死亡，凶杀与抢夺一直伴随着它。渐渐地，这颗名为“希望”的钻石便成了臭名昭著的“厄运之钻”。直到1958年，希望蓝钻石被捐给美国的史密森尼博物馆，它的厄运才终于停止。

Koh-I-Noor Diamond

光明之山

“谁拥有它，谁就能拥有整个世界。谁拥有它，谁就得承受它所带来的灾难。唯有上帝或一位女人拥有它，才不会承受任何惩罚。”1306年，当光明之山首次现身，这个神秘的诅咒就一直伴随着它。后来，这颗巨型钻石几经辗转流入英王室，并被镶嵌在英国维多利亚女王的王冠上。维多利亚女王去世后，这颗钻石被镶嵌在不同的王冠上，最终在伊丽莎白王太后的王冠上找到了恒久的位置。

Dresden Green Diamond

德勒斯坦钻石

这颗重约41克拉的绿色梨形钻色泽鲜艳，是当今世界上已知最大的绿色钻石。最初，这颗钻石被英王奥古斯特一世所拥有，后来它被镶嵌在一枚胸针上，现存于英王室。

非洲之星Ⅲ

“非洲之星Ⅲ”是一颗梨形钻，一端浑圆，另一端尖细，看起来就像一颗泪滴。它和“非洲之星Ⅳ”一起被制成了一枚精美的胸针。

显微镜下缤纷的世界

在偏振光显微镜下，我们会看到一个多彩的岩石世界。与我们肉眼看到的岩石迥然不同，显微镜下的岩石就像一件件千姿百态的艺术品。

地质世界充满无限的奇迹，岩石的内部也远比我们想象得更复杂，许多岩石必须经过高倍放大才能一探究竟。在显微镜下，岩石薄片被放大几百倍，一个缤纷的岩石世界便出现在我们眼前。

目镜
镜筒
粗准焦螺旋
转换器
物镜
载物台
细准焦螺旋
压片夹
镜臂
通光孔
镜柱
反光镜
镜座

显微镜的原理与双倍放大镜类似，也就是将物镜放大的图像再次用目镜放大。

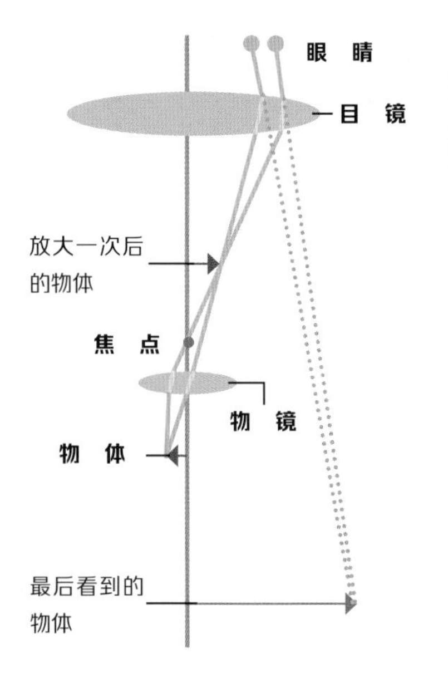

微观岩石

许多岩石看起来其貌不扬，但在偏振光显微镜下，它们被放大几百倍，闪亮的晶体结构让它们看起来缤纷多彩。

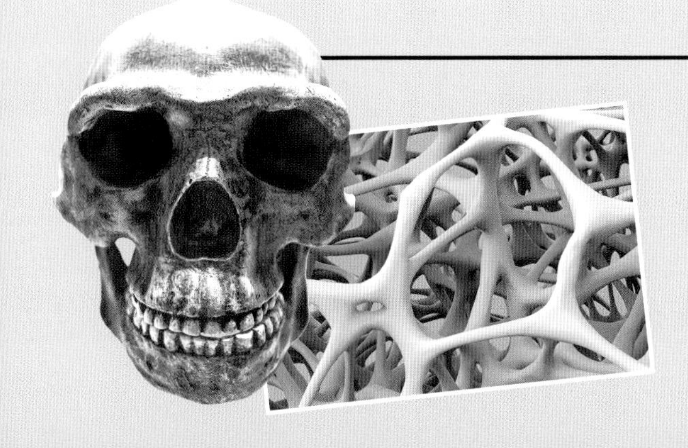

岩石里的奥秘

显微镜可以带我们识别各种各样的岩石，帮助我们破译岩石的内部密码。有了这些密码，地球的往事将被一一揭晓。有了霸王龙的骨骼化石，显微镜就可以检测出恐龙骨骼里红细胞和骨细胞的残留物，帮助人类解开关于恐龙的未解之谜。有了人类祖先的骨骼化石和牙齿化石，显微镜就可以检测出原始人类吃什么食物，食物是否充足，以及身体是否健康。

角闪岩

在显微镜下，灰黑色的角闪岩就像一个个黄色、白色、黑色的色块相互拼接的艺术画作。

货币虫化石

古老的无脊椎动物货币虫生存于古近纪，显微镜下的货币虫化石就像一只闪闪发光的眼睛。

砂　岩

各种砂粒胶结而成的砂岩看起来非常普通，但在显微镜下，它们就像无数闪闪发光的钻石。

珊瑚化石

显微镜下的珊瑚化石就像教堂的穹顶，红色的条纹是珊瑚虫的骨架，蓝色的色块是骨架间的填充物。

角砾岩

陨石中富含角砾岩和碎屑斑晶，显微镜下的它们看起来就像欧洲教堂里的彩色玻璃。

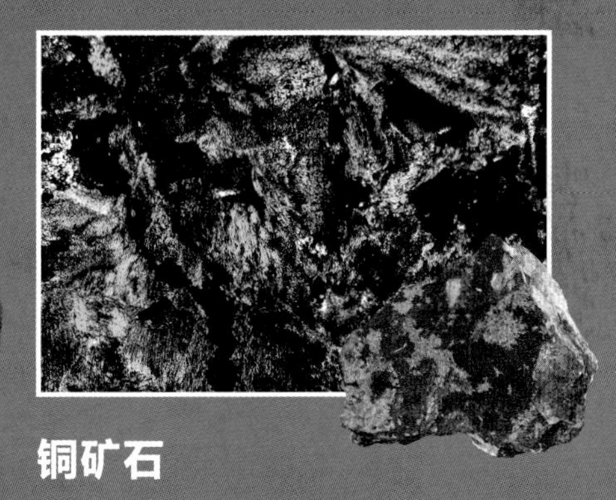

铜矿石

铜被氧化后，有时会形成蓝绿色的铜矿石。在显微镜下，铜矿石的颜色酷似孔雀的羽毛。

岩石薄片

为了观测岩石的内部世界，地质学家利用灵巧的双手和精密的仪器，再经过切割、上胶、切片、研磨、抛光等工序，制成了一块块厚度不超过 0.03 毫米的岩石薄片。只有足够薄，光才能够穿透岩石，人们才能在显微镜下一睹岩石的真容。

岩洞奇观

隐蔽的地下迷宫、咆哮的洞穴暗河、惊险的地下岩洞……充满魅力和惊险的地下世界被黑暗包围，河流从这里缓缓流过，岩层从洞穴顶部剥落，钟乳石、石笋、石柱纵横交错。请带上探照灯、安全帽、工作服、绳索袋和急救箱，一起前往岩洞探险吧！

在黑漆漆的溶洞里，地形十分复杂，路面也非常湿滑。为了给溶洞照明，人们在溶洞里安装了许多五彩缤纷的彩灯。

山崩洞穴

当巨石崩塌时，大大小小的岩石掉落下来，堆积在一起，碎石之间会形成各种各样的山崩洞穴。当岩石非常坚固的时候，山崩洞穴就会成为人类的栖息之所或藏身之处。澳大利亚中部有许多山崩洞穴，它们被当地的土著居民奉为圣地。

石膏洞穴

石膏洞穴非常稀少，因为它们很难保存下来，毕竟石膏具有超强的水溶性，1 000 升的水就可以溶解约 2 千克的石膏。世界上最长的石膏洞穴是乌克兰的奥普奇米斯奇契斯卡娅洞，洞内挂满了白色的石膏水晶，整个洞穴的长度超过 200 千米。

熔岩洞

当滚烫的岩浆从火山口喷涌而出，它们迅速冷却凝固，形成一个坚固的硬壳，为内部的岩浆建造出一个保护罩。当火山停止喷发后，内部的岩浆仍在继续流动。等到岩浆流尽，硬壳的内部被掏空，坚固的外壳就会形成一条狭长的地下熔岩洞。

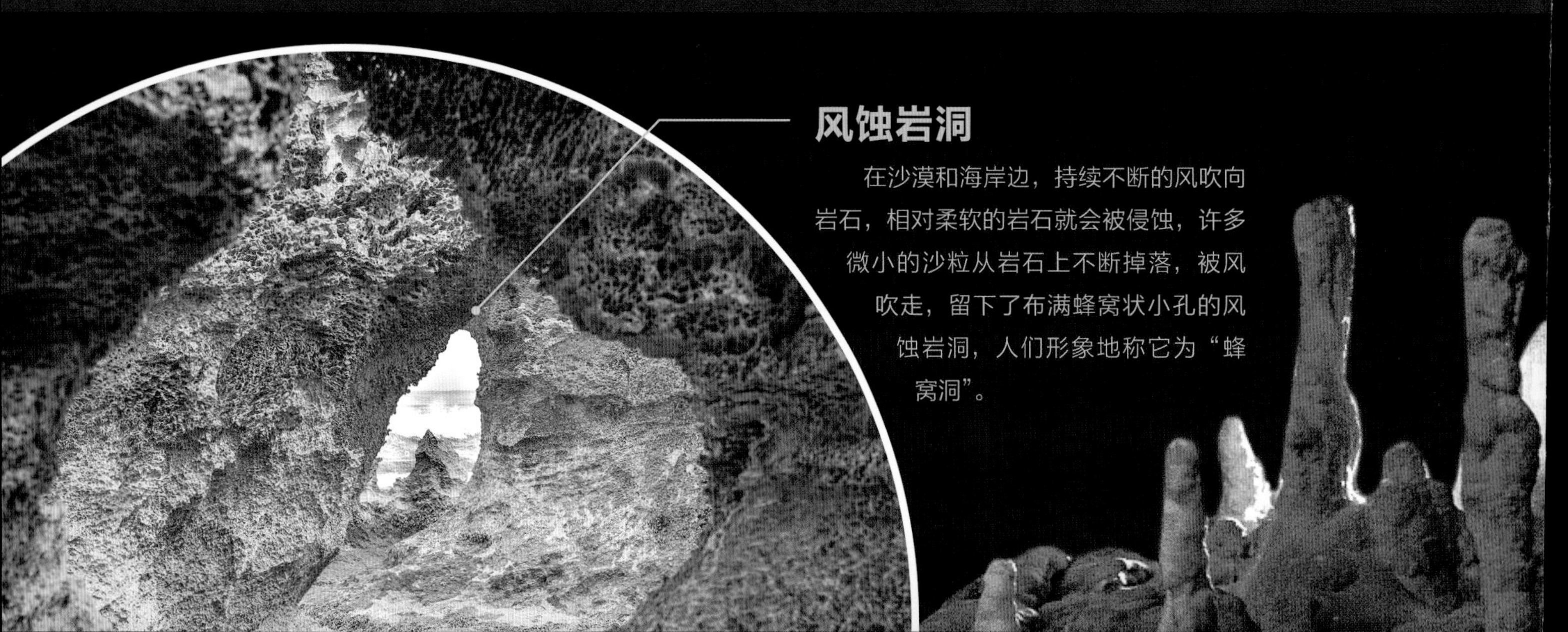

风蚀岩洞

在沙漠和海岸边，持续不断的风吹向岩石，相对柔软的岩石就会被侵蚀，许多微小的沙粒从岩石上不断掉落，被风吹走，留下了布满蜂窝状小孔的风蚀岩洞，人们形象地称它为“蜂窝洞”。

浪蚀岩洞

海浪总是昼夜不停地拍击着海岸。在漫长的岁月里，坚硬的岩石被海浪侵蚀掏空，形成了独特的浪蚀岩洞。如果浪蚀岩洞的顶部有缺口，汹涌的海浪就会冲进岩洞内，并从岩洞顶部的缺口喷出，形成奇特的海浪喷泉。

砂岩洞

在干旱地区，经过流水和狂风的侵蚀，柔软的砂岩被精心打磨，纹层顺着岩壁流转，看起来就像波浪被定格在岩石上。在美国亚利桑那州的沙漠中，当阳光从顶部洒下，羚羊峡谷就像一个五彩缤纷的魔幻世界。

石灰岩溶洞

地下水潜入石灰岩的裂缝中，不断溶蚀岩层，形成了巨大的岩石空洞——溶洞。在漆黑一片的溶洞里，洞顶悬挂着钟乳石，洞底长出了石笋，一旦钟乳石和石笋相接，还会形成石柱。

走进地质公园

地球上不同地区的环境千差万别，水、风、地壳运动一刻不停地雕琢着大地，它们将地球塑造成千姿百态的模样，有的地方雄奇瑰丽，有的地方宁静平和，有的地方巍峨险峻，凡此种种，不一而足。如果有机会去游览各种地质公园，你一定会在大饱眼福的同时，感叹大自然造物的神奇。

武陵源

湖南省

湖南省张家界市武陵源曾经是一片平缓的石英砂岩地，由于地壳慢慢被抬升，流水和狂风长期侵蚀、切割着石英砂岩，3 103 座石英砂岩峰柱拔地而起，形成了极为罕见的砂岩峰林。

云南石林

云南省

云南石林是喀斯特地貌的杰作，整个地质公园看起来就像一片怪石嶙峋的“石头森林”。这里曾经是一片汪洋大海，经过近 3 亿年的沧桑巨变，高大耸立的剑状、柱状、蘑菇状、塔状的石灰岩柱拔地而起。

伏牛山

河南省

伏牛山长 200 余千米，宽 40 ~ 70 千米，是河南省平均海拔最高的山区。除此之外，这座古老的大山也是白垩纪恐龙的故乡，地质学家曾在这里发现了大量白垩纪时期的恐龙蛋化石和恐龙骨骼化石。

知识加油站

在黄石国家公园的西北方，世界上已探明的最大碳酸盐沉积温泉——猛犸象温泉坐落于此。温泉里生活着许多藻类，它们随着季节不断变换颜色，整个温泉也呈现出棕色、橙色、红色和绿色，看起来就像一座彩色阶梯。

黄石国家公园

久负盛名的黄石国家公园坐落于美国怀俄明州，它是世界上最早建立的国家公园。这里拥有 10 000 多座温泉，300 多座间歇泉，还有 290 多道瀑布。除此之外，这里还拥有广袤的森林，里面居住着各种各样的野生动物和植物。

腾冲火山

云南省

腾冲火山是中国遗存最完好的新生代死火山群之一，被誉为“火山地质博物馆”。100 多平方千米的火山群内分布着 70 多座大小不等的火山，到处是火山锥、火山溶洞、熔岩石地、火山湖和堰塞瀑布。

五大连池

黑龙江省

在黑龙江五大连池，火山喷出的熔岩堵塞河道，形成了五个连池湖区——莲花湖（一池）、燕山湖（二池）、白龙湖（三池）、鹤鸣湖（四池）和如意湖（五池），它们组成了串珠状的湖群奇观。

雁荡山

浙江省

在中生代时期，太平洋板块向欧亚板块俯冲时，岩浆沿着断裂的通道喷出地表，经过火山喷发、塌陷、复活、隆起的过程后，岩浆中的流纹岩冷凝、堆积成一座大型破火山——雁荡山。

小小地质学家

去野外寻找石头非常有趣，你可以像侦探一样，在碎石堆里挑选各种各样的石头，说不定就能发现非常稀有的宝石。小小地质学家们，不妨先从家附近开始，选择一个不错的地点，穿上一双厚底鞋和一条长裤，戴上一副手套，再带上一些寻石的装备，在家长的陪同下，开始一场家门口的寻石之旅吧！

安全小贴士

去野外寻找石头的时候，一定要牢记——安全第一位！

- 一定要在家长的陪同下寻找石头；
- 如果在河边寻石，一定不要轻易涉水；
- 如果在悬崖或者陡坡附近，一定要警惕岩石滚落下来；
- 如果在海滩上，一定要小心涨潮；
- 千万不要进入矿区或者施工的采石场；
- 小心野外的动物和蚊虫。

挑选地点

收集奇石之前，你需要挑选一个合适的地点。第一次不用去太远的地方，家附近的小溪边、河边和沙滩附近都是不错的选择。如果有机会可以去地质公园或者废弃的采石场，那将会是更棒的地点。

小溪边和河边有许多坚硬的石英砂岩。不过，踩在石头上要当心滑倒。

家附近的公园里也有许多石头，不过有些石头埋在土里，可能需要用小铁铲挖一挖。

废弃的采石场有许多坚硬的大理石，这里是收集奇石的绝佳地点。

清　洁

从野外收集的石头刚开始看起来并不完美，上面沾满了泥土和灰尘。你可以用一把除尘刷扫去石头表面残留的泥土，用水和清洁剂清洗干净，然后晾干。清洗干净后，石头会闪亮许多。

颜　色

白色和黄色的石头可能是长石、石英或者大理石。黑色和灰色的石头一般来说是灰岩。当然，你也有可能发现玉石，它们的颜色大多是半透明的白色、青色、黄色、绿色等。

辨认石头

如果在河边捡到圆润的鹅卵石，清洗干净后，拿起放大镜，近距离地观察它们吧！辨认石头的方法有很多，看颜色和纹路就是两个比较简单易操作的办法。

纹　理

如果石头有条带状的纹理，它可能是流纹岩；如果石头呈沙粒状，它可能是砂岩或页岩。

名词解释

白垩：石灰岩的一种，主要成分是碳酸钙，是由古生物的残骸积聚形成的。白色，质软，分布很广，用作粉刷材料等。

板块：地球上岩石圈的构造单元，由海岭、海沟以及陆上的造山带等构造带分割而成。

泵：吸入和排出流体的机械，能把流体抽出或压入容器，也能把液体提送到高处，通常按用途不同分为气泵、水泵和油泵。

变质岩：火成岩、沉积岩受到高温、高压等的影响，构造和成分上发生变化而形成的岩石，比如大理岩就是石灰岩或白云岩的变质岩。

沉积岩：地球表面分布较广的岩石，是地壳岩石经过风化后沉积而成的，多呈层状，大部分在水中形成，有砂岩、页岩、石灰岩等。

地壳：由岩石构成的地球外壳，可以分为大陆地壳和大洋地壳。

地震波：由于地震而产生的向四处传播的波动。主要分为横波和纵波两种。

地质：地壳的成分和结构。

地质年代：地壳中不同岩石形成的时间和先后顺序。

化石：古代生物的遗体、遗物或遗迹埋藏在地下变成的跟石头一样的东西，如恐龙化石、粪化石等。

火成岩：地壳内熔融的岩浆侵入地下一定深度或喷出地表后，冷却凝固形成的岩石，有花岗岩、玄武岩等。

晶体：原子、离子或分子按一定空间次序排列而成的固体，具有规则的外形。石英、云母等都可以形成晶体。

克拉：计量宝石质量的单位，1克拉等于0.2克。

矿石：含有有用矿物并有开采价值的岩石。

矿物：地壳中由于地质作用而形成的天然化合物和单质，它是组成岩石和矿石的基本单元。

流体：液体和气体的统称，它们都没有一定的形状，容易流动。

煤层：地底下介于上下两个岩层之间分布着煤炭的一层。

强酸：酸性反应很强烈的酸，腐蚀性很强，如硫酸、盐酸等。

溶洞：石灰岩等易溶岩石被流水所溶解而形成的天然洞穴。

熔岩：从火山口或者裂缝中喷溢出来的高温岩浆。

碳：非金属元素，符号C，有金刚石、石墨等形体。它的化学性质非常稳定，在空气中不起变化，是构成有机物的主要成分。

淘金：用器物盛沙，加水搅动，或者放在水里簸动，然后从沙子里挑出沙金。

岩层：地壳中成层的岩石。

岩石：构成地壳的矿物的集合体，按成因可以分为火成岩、沉积岩和变质岩。

有色金属：工业上黑色金属（铁、锰、铬）以外的所有金属的统称，如金、银、铜、锡、汞、锌等。

元素：化学上指具有相同核电荷数（即相同质子数）的同一类原子的总称，如氧元素、铁元素等。

原油：开采出来后没有经过加工的石油。

作者简介

刘　凯

毕业于中国地质大学，获地质专业博士学位，科普作家，致力于科学知识的普及和推广。

王惠敏

科普图书编辑，策划编辑《好奇树：自然世界》《德国少年儿童百科知识全书》《飞越太阳系》《地球的故事》《建筑奇观》《南极和北极》等少儿科普图书。

中国少儿百科知识全书

岩石与矿物

刘　凯　王惠敏 著
刘芳苇　周艺霖 装帧设计

责任编辑 沈　岩　策划编辑 左　馨
责任校对 黄亚承　美术编辑 陈艳萍　技术编辑 许　辉

出版发行 上海少年儿童出版社有限公司
地址 上海市闵行区号景路159弄B座5-6层　邮编 201101
印刷 深圳市星嘉艺纸艺有限公司
开本 889×1194　1/16　印张 3.75　字数 50千字
2021年10月第1版　2025年1月第9次印刷
ISBN 978-7-5589-1126-2 / Z・0024
定价 35.00元

图片来源 图虫创意、视觉中国、Getty Images 等
审图号 GS（2021）3991号

图书在版编目（CIP）数据

岩石与矿物 / 刘凯，王惠敏著. — 上海：少年儿童出版社，2021.10
（中国少儿百科知识全书）
ISBN 978-7-5589-1126-2

Ⅰ. ①岩… Ⅱ. ①刘… ②王… Ⅲ. ①岩石—少儿读物 ②矿物—少儿读物 Ⅳ. ①P583-49 ②P57-49

中国版本图书馆CIP数据核字（2021）第182302号